汪振东 ◎ 著

从零开始读懂
宇宙大爆炸和平行宇宙

U0194240

北京大学出版社
PEKING UNIVERSITY PRESS

内 容 提 要

四方上下曰"宇",往古来今曰"宙"。人类是怎样认识宇宙的?牛顿的万有引力遇到了哪些问题?爱因斯坦为什么要创立相对论?大爆炸理论是怎么来的?恒星是如何诞生的?暗物质、暗能量在什么地方?平行宇宙真的存在吗?如果存在,它们是靠虫洞通信的吗?……充满智慧的人类不断探索宇宙,却发现离真相越来越远了。

本书用"一问一答"的形式揭示人类认识宇宙的过程。本书分为四个部分,第一部分介绍宇宙的基本概貌,如大小、年龄等;第二部分介绍恒星与黑洞,天文学的一切秘密都是从观测恒星开始的;第三部分介绍宇宙大爆炸,主要是宇宙大爆炸的过程,包括膨胀宇宙、量子宇宙、暗能量等;第四部分介绍平行宇宙,主要是平行宇宙理论的发展过程,包括时空的维度、穿越时空、时间等问题。

图书在版编目(CIP)数据

从零开始读懂宇宙大爆炸和平行宇宙 / 汪振东著.

北京:北京大学出版社, 2025. 1. -- ISBN 978-7-301-35568-8

Ⅰ. P159-49

中国国家版本馆CIP数据核字第2024JP9854号

书　　名	从零开始读懂宇宙大爆炸和平行宇宙	
	CONG LING KAISHI DUDONG YUZHOU DABAOZHA HE PINGXING YUZHOU	
著作责任者	汪振东　著	
责任编辑	刘　云　姜宝雪	
标准书号	ISBN 978-7-301-35568-8	
出版发行	北京大学出版社	
地　　址	北京市海淀区成府路205号　100871	
网　　址	http://www.pup.cn　　新浪微博:@北京大学出版社	
电子邮箱	编辑部 pup7@pup.cn　总编室 zpup@pup.cn	
电　　话	邮购部 010-62752015　发行部 010-62750672　编辑部 010-62570390	
印 刷 者	河北博文科技印务有限公司	
经 销 者	新华书店	
	880毫米×1230毫米　32开本　8.875印张　153千字	
	2025年1月第1版　2025年1月第1次印刷	
印　　数	1-4000册	
定　　价	59.00元	

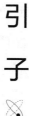

　　"砰"——没有声音，大约138亿年前，一个质量无限大、体积无限小、温度无限高的点爆炸了，形成了数不清的粒子。时间和空间由此开始，宇宙的演化正式拉开序幕。

　　粒子之间相互碰撞、组合和转化，形成了稳定的氢原子和氦原子。氢和氦飘荡在宇宙中，形成了庞大的星云。星云在引力的作用下，像滚雪球一样，越滚越大，内部温度越来越高。当星云内部中心区域的温度足够高时，氢原子开始通过核聚变反应，释放出巨大的能量，一颗颗恒星就这样诞生了。

恒星也有生命周期，一部分较大的恒星会在相对较短的时间内（几亿年）走到生命的尽头。它们用一次爆炸来结束自己光辉灿烂的一生，仅留下中心区域的核，而外部的壳则被抛射到浩瀚的宇宙中，成为下一代恒星或者行星的原材料。下一代恒星又会沿着前辈的足迹——诞生、核聚变燃烧、毁灭，其留下的物质再次成为第三代恒星或者行星的原材料……

大约45亿年前，宇宙中一颗很不起眼的行星形成了。经过数亿年的"浩劫"，生命开始在这个星球的海洋中诞生。这些生命不断演化，逐渐形成了多种多样的物种，其中，人类脱颖而出。他们热爱思考，对外界总是充满了好奇。当他们仰望天空，看到日月星辰时，总会琢磨：

为了探寻这些问题，他们发明了望远镜，发射了卫星和空间探测器，从恒星中捕获了一丝丝信息，逐步建立了辉煌的宇宙学。

嗯，我们的故事就从认识宇宙开始。

物理哥

斯坦博士

物理哥

　　大家好，我是一位热爱物理和天文的年轻小伙。

　　我在《从零开始读懂相对论》一书中提出了很多稀奇古怪的问题，没想到读者朋友们对此反应非常热烈，让我继续提出一些关于宇宙大爆炸和平行宇宙的问题。

　　这不，在学习的过程中，我又遇到了很多烧脑的问题。好在我认识一位名叫斯坦的博士，他给予了我全方位的解答。

斯坦博士

　　大家好！没错，我的名字和大名鼎鼎的科学家爱因斯坦有几分相似，但愿我也有他那样的智慧。

啥？我长得有点磕碜？哎！我只是帅得不明显。

接下来和我们一起，开启宇宙大爆炸和平行宇宙的神奇之旅吧！

Part 01 宇 宙

Part 02 恒星与黑洞

Part 03 宇宙大爆炸

Part 04 平行宇宙

谢　幕

宇 宙

四方上下曰"宇"，往古来今曰"宙"

我在宇宙中，
宇宙在我脑海中。

1 宇宙有多大？

2 宇宙之外有什么？

3 宇宙的年龄为什么是138亿岁？

4 宇宙为什么看上去是黑色的？

5 宇宙会死亡吗？

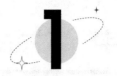

什么是宇宙？

古人云："四方上下曰宇，往古来今曰宙。"四方上下指的是空间，往古来今指的是时间。因此，**宇宙是空间和时间的总和。**

怎样才能更形象地认识宇宙呢？

中国古代存在三种具有代表性的宇宙模型：浑天说、宣夜说和盖天说。

浑天说的代表作《张衡浑仪注》中说："浑天如鸡子，天体圆如弹丸，地如鸡子中黄"，大意是宇宙像一个鸡蛋，地球像鸡蛋黄。

宣夜说认为天没有固定的形状，日月星辰都是悬浮在太空中的，天根本没有尽头，即宇宙是无限的。这可能是最早的宇宙无限说。

盖天说认为"天圆如张盖，地方如棋局"，大意是天像一个圆圆的大盖子，大地像棋盘，概括起来就是"天圆地方"。

在古代西方，人们一开始认为大地是平坦的，并且漂浮在大海上。为了不让大地沉下去，他们认为大地下面有很多巨大的乌龟，共同驮着大地。然而，聪明的古希腊人在一些自然现象中找到了大地是一个球体的证据，比如在眺望归来的航海船只时，总是先看到桅杆，再看到整个船身。如果大地是平坦的，那么理论上应该一眼就能看到船的整个船身。

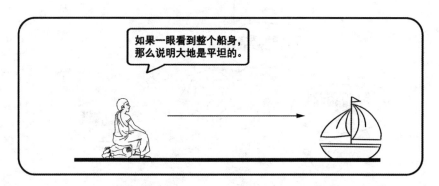

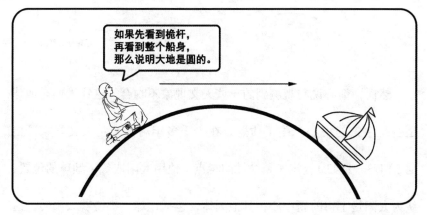

　　大地是球体，天是怎么样的？古希腊人认为天也是球体，他们认为天不止一层，具体来说，有月亮天、太阳天、水星天、金星天……恒星天，不同的天体位于不同的天层上。天层之外还有一个原始动力层，它是整个宇宙运行的动力来源。所有天层的球心都位于同一个点上，宇宙就是由这些同心球构成的，地球位于宇宙的正中心。因此，这种宇宙模型被称为"地心说"。

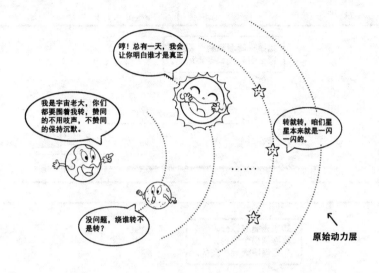

然而，地心说与观测到的一些天文现象不吻合，这让人们对地球是否是宇宙的中心产生了质疑。在一千多年后，波兰天文学家哥白尼（1473—1543）提出了革命性的观点，他用太阳取代了地球的位置，认为太阳是宇宙的新中心，其他天体，包括地球，都绕着太阳转。这一观点被称为"日心说"。

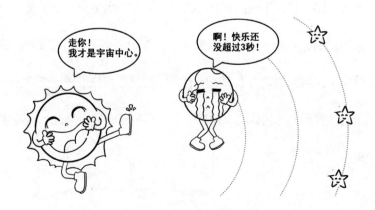

　　日心说一路披荆斩棘，冲破层层藩篱，成了主流学说。太阳是宇宙的中心吗？这就要看银河是否答应了。银河是夜空中一条乳白色的光带。在东方神话中，银河是王母娘娘用玉簪划出的一条用来阻隔牛郎和织女相见的天河；而在西方神话中，银河是女神赫拉撒向天庭的乳汁，因此得名"Milky Way"（相传宙斯与凡间女子生下一子，为了让孩子获得法力，宙斯偷偷让他吮吸妻子赫拉的乳汁。赫拉惊醒后，大怒之下将孩子推开，乳汁洒向天庭，形成了银河）。

　　在哥白尼提出日心说大约半个世纪后，荷兰人发明了望远镜。意大利天文学家伽利略（1564—1642）独自制造了更加精良的望远镜。他用新望远镜朝银河望去，发现那里既不是一条河，也不是一条乳带，而是由无数和太阳一样的恒星组成的。

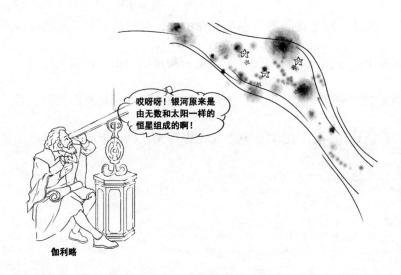

伽利略

18世纪中期，天文学家们经过大量的观测，得出银河的形状是扁平的结论，和人们日常用的餐盘有些类似。当时的一些天文学家认为宇宙中所有的天体都在银河内部，共同组成了庞大的**银河系**。如果将宇宙比作大海，那么银河系就是这片大海中唯一的"岛屿"。

我反对！我批判！银河系不是宇宙中唯一的"岛屿"！

康德

这种观点遭到了大哲学家康德（1724—1804）的批判，康德认为银河系并非宇宙中的唯一存在，宇宙中应该还有更多的、与银河系平起平坐的"岛屿"。这便是"宇宙岛"概念的来历。

康德提出宇宙岛的观点是有理由的，当时的天文学家已经观测到多个朦胧如云雾般的天体——星云和星团。根据已有的经验，科学家们推测这些天体也是由大量恒星组成的，只是距离太远，看上去朦胧模糊而已。它们极有可能在银河系之外，但当时没有办法证明这一点。

　　20世纪初，美国天文学家沙普利（1885—1972）曾对当时已知的100多个球状星团进行了观测，发现它们并不是均匀分布的。这一观测结果直接将太阳踢出了"宇宙中心"，因为从宇宙中心向外看去，天体在大尺度上应该是均匀分布的。现代宇宙学已经进一步证实，**银河的动力学中心被称为银心**，含有一个射电核和一个巨大的黑洞，黑洞的质量约为太阳质量的 400 万倍。

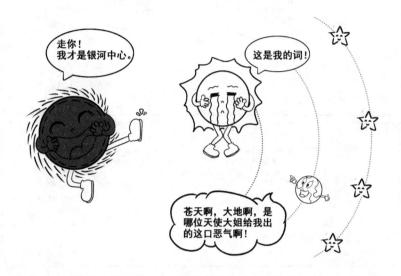

银河系是宇宙中唯一的星系吗？解决的办法很简单，测一下银河系的大小和星云的距离就可以了。然而，受当时的天文理论和技术条件的限制，使用不同的方法测量的数据存在较大差异。沙普利根据**造父变星**，测算出了银河系的大小范围，这个范围包含了备受关注的**仙女座大星云**。而根据美国天文学家柯蒂斯（1872—1942）的测算，仙女座大星云到地球的距离远超银河系尺度范围，因此它应属于河外星系，即银河系不是宇宙中唯一的星系。

沙普利和柯蒂斯各执一词，并指责对方的测量数据不够精准。这场争论不仅在天文学界引起了广泛的关注，而且还在报纸上掀起了一场规模较大的公开论战。

与此同时，美国天文学家哈勃（1889—1953）打算通过精准测算来结束论战。他在几个星云中找到了造父变星，从而确定了它们的距离远超银河系范围。这一观测结果证实了康德的猜想，确立了仙女座大星云的准确名字应该为"仙女系"。

然而，令人意想不到的是，哈勃发现所有的星系都在离我们而去，而且星系之间也在相互远离。宇宙就像一个正在被吹大的气球，气球表面上所有的点都在相互远离。说得简单一点，宇宙正在膨胀。

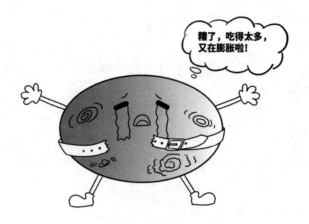

　　宇宙到底是什么？一个不断膨胀的"气球"吗？实际上，这只是

一个形象的比喻，宇宙还有很多未解之谜等待着人类去探索。

宇宙有多大？

　　在哈勃发现宇宙膨胀之前，人们认为宇宙是静态且永恒的，因此地心说和日心说都认为宇宙是有限的球体。宇宙之外有什么，人们往往避而不谈。第一次走出"宇宙之球"概念的人是布鲁诺（1548—1600）。虽然布鲁诺对哥白尼的日心说深信不疑，但他也有自己的观点。他认为天上的恒星和太阳一样光芒万丈，只是离我们太远，看上去很暗、很小而已。既然太阳可以是宇宙的中心，那么其他恒星为什么不能是宇宙的中心呢？如果宇宙有很多的中心，那么它必定是无限的。

　　布鲁诺的这些观点并不被当时的社会所接受。在当时的人们看来，宇宙是由神创造的。如果宇宙是无限的，那么神在哪儿呢？这就好比包大包子，里面既可以有葱和有蒜，也可以有菜和有肉，但绝对不能把包包子的人也包进去。宣传日心说和宇宙无限论给布鲁诺带来了大麻烦，最终他因坚持这些观点而被处以火刑。

布鲁诺
（1548—1600）
生活在文艺复兴时期的意大利，思想家、文学家。

我就是那个被烧死在鲜花广场的布鲁诺。请记住，我是为真理而死的。

随着人们思想的解放，到了牛顿（1643—1727）时代，神不再被人格化。在牛顿的哲学体系中，宇宙也是无限的。这一观点是万有引力的必然结果，因为宇宙中所有的天体都在相互吸引，如果宇宙有限，那么它们总有一天会被吸到一起。牛顿设想在无限的宇宙空间内，物质是均匀分布的，每一个点都因四面八方的引力作用而保持平衡。同时，无限的宇宙让人们不再为"宇宙的边界在哪里？"或"宇宙之外有什么？"这类问题而烦恼。

然而，当时有位名叫本特利的神父给牛顿带来了新的"烦恼"。他提出了一个悖论：如果宇宙有限，那么所有的天体将会因为万有引力而聚集在一起，宇宙也就不会是静态的、永恒的。如果宇宙无限，那么任何天体都将会受到来自各个方向上的引力，强大的万有引力会将其撕碎。

如果宇宙有限，那么所有的天体将会因为万有引力而聚集在一起，宇宙也就不会是静态的、永恒的。

如果宇宙无限，那么任何天体都将会受到来自各个方向上的引力，强大的万有引力会将其撕碎。

可以看出，这一系列问题的原因正是万有引力。只要引力存在，要想得到静态宇宙是不可能的。面对这一难题，爱因斯坦（1879—1955）想出了一个好办法。他在广义相对论方程中增加了一项，即**宇宙常数项**，用它来对抗那个"该死"的引力。简单来说，宇宙常数项代表了一种斥力，与引力相对抗。有了宇宙常数项，爱因斯坦成功构建了一个永恒的、**有界无边的宇宙球状模型**。

　　然而，苏联物理学家及数学家弗里德曼（1888—1925）在解广义

相对论方程时发现，宇宙并非静态的，而是膨胀的，其结构有三种可

能性：平直结构、球状结构和双曲马鞍面结构。

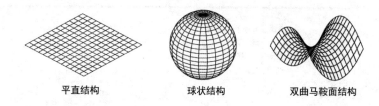

平直结构   球状结构   双曲马鞍面结构

虽然爱因斯坦承认弗里德曼的计算，但他认为这种计算纯粹是数学上的技巧，并没有实际的物理学意义。然而，令爱因斯坦失望的是，远在大洋彼岸的哈勃发现宇宙正在膨胀，而不是静态的。在事实面前，爱因斯坦只能承认他之前引入的宇宙常数是错误的，并将其称为"一生中最大的错误"。

宇宙不断膨胀，如果时间能倒流，那么宇宙必然是收缩的，并最终收缩到一个点上。比利时天文学家勒梅特（1894—1966）称这个点为"原始原子"，这也是后来人们常说的"宇宙蛋"。宇宙蛋经过一次大爆炸，形成了如今的宇宙。根据目前的推算，宇宙大爆炸发生在约138亿年前，也就是说，宇宙的年龄大约是138亿岁。

从138亿年前算起，大爆炸产生的光已经传播了约138亿年。由于光速是宇宙中信息传递速度的"天花板"，因此以地球为球心，理论上人类能观测到的宇宙半径不会超过138亿光年。这个以138亿光年为半径的球体的体积，被称为"哈勃体积"。然而，不要忘了，光在传播的同时，宇宙仍然在膨胀。因此，哈勃体积并非人类所能理解的宇宙最终极限。

做一个实验，假设你和我各自乘坐一辆车子相互远离，目前距离约30万千米，当你发出一束光，我何时能看到呢？当光经过我的反光镜反射后，你又何时看到这束光呢？

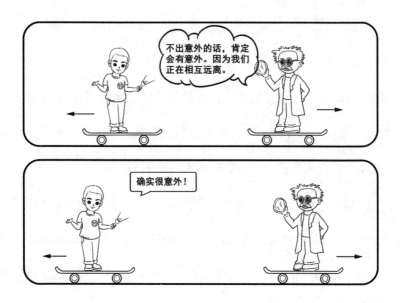

现在，如果把你想象成宇宙中距离我最远的点（138亿光年），把车子的远离看成宇宙的膨胀，那么理论上光信号传播的一个来回就是人类所能理解的最大的宇宙半径，以此为半径的球体便是"可观测宇宙"。根据目前观测数值计算，可观测宇宙的半径约为457亿光年——直径为914亿光年。

光速为什么不变？

19世纪中叶，英国物理学家麦克斯韦（1831—1879）在解电磁波方程时，得出了电磁波的速度公式：

$$c = 1/\sqrt{\varepsilon\mu}$$

其中，ε是电容率，μ是磁导率，这两个值可以在实验室测量出来。经过计算，麦克斯韦发现真空中的电磁波波速与当时测量的光速几乎相同，因此他大胆地预言：**光就是电磁波**。

二十多年后，德国物理学家赫兹（1857—1894）在实验室中证实了麦克斯韦的预言，由此"光"就有了两种含义：一种是人眼可以看得见的光——可见光；另一种是包含可见光在内的所有电磁波。如果将光按照其频率大小顺序排列并画在一张图上，就可以得到光谱图。

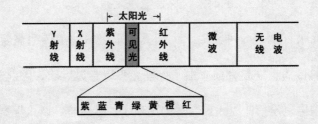

在光谱图中，"颜色"一词也发生了变化。日常生活中的颜色指的是肉眼可见的色彩，包括白色和黑色。实际上白色是可见光的混合，黑色是物体几乎吸收所有可见光的结果。而在光谱图中，颜色往往指的是光（电磁波）的频率。

电磁波的速度公式带来了一个新的问题。在真空中，电容率（ε）和磁导率（μ）都是恒定的，即真空中的电磁波速度是恒定的。根据伽利略相对性原理，所有的速度都是相对于某个参照物而言的。恒定的光速又是相对于谁而言的呢？人们自然而然地想到了光的传播介质——以太。

以太是由古希腊哲学家亚里士多德（公元前384—公元前322）提出来的。当时盛行地心说，即所有的天体都围绕着地球转，每个天体居于各自的天层上，月亮是离地球最近的天体。亚里士多德认为，在月亮天层以上的宇宙空间中弥漫着一种叫"以太"的元素。以太位于太空，根本无法被证实，也无法被否定。因此，每当人们需要在太空"搞点什么"的时候，总是把以太搬出来。

当光被证明是一种波时，人们类比于机械波的传播需要介质，认为光的传播也需要介质。由于恒星光可以穿越宇宙，因此放眼望去，恐怕再也没有比以太更合适的选项了。就这样，以太摇身一变，成了光的"坐骑"。

受牛顿绝对时间和空间概念的影响，20世纪以前，很多人认为宇宙中弥漫的以太是绝对静止的，真空中恒定的光速正是以绝对静止的以太为参照物的。地球在不断地公转和自转，若以绝对静止的以太为参照物，地球则是运动的，因此，人们推断地球上肯定有"以太风"。

怎样在地球上找到以太风呢？试想以下画面，一个人在水中游泳，顺着水流方向的速度会比垂直水流方向的速度大。

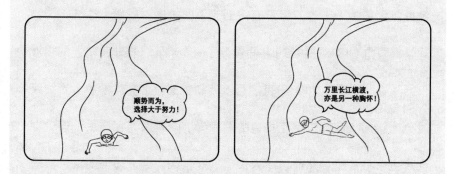

　　同理，地球由西向东自转，若以地球为参照物，以太在运动。如果一束光沿着地球运动方向传播，另一束光垂直于地球运动方向传播，那么前者传播速度会大于后者。既然光的运动方向能影响光的传播速度，那么传播相同距离的两束光相遇后，就会产生干涉效应。

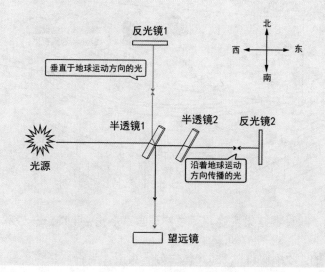

19世纪末，美国物理学家迈克耳孙（1852—1931）设计了一个测量以太风的干涉仪，但没有得到想要的结果。后来，他与美国物理学家莫雷（1838—1923）共同设计了一个实验：将非常精准的干涉仪器放在一个重达2000千克、可以转动的磨盘上。实验中，光线经过分光镜后，被分成相互垂直的两束光。这两束光相遇后，理论上会产生干涉条纹。然而，令人失望的是，无论磨盘如何转动，实验所得到的结果与理论相差甚远——没有找到以太。这就是著名的"零结果"实验。

为了解释零结果实验，荷兰物理学家洛伦兹（1853—1928）提出了著名的"收缩假说"，即物体由分子组成，当物体相对于绝对静止

的以太运动时，分子力会增大，从而让物体变短，而变短的部分正好与光速变化相抵消。

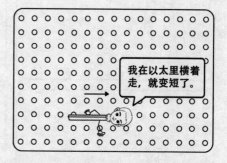

然而，洛伦兹似乎忘记了伽利略的相对性原理。假设有两根一模一样的尺子A和B，A尺子与绝对静止的以太保持静止，B尺子与绝对静止的以太相对运动。以A尺子为参照物，B尺子是缩短的；以B尺子为参照物，B尺子还是缩短的——因为它相对于绝对静止的以太是运动的。很显然，绝对静止的以太已经超出了相对性原理的"管理范围"。

爱因斯坦对"绝对静止"的特殊地位感到不满。在他看来，一切物理定律对任何惯性运动都是相同的。既然测量的光速是不变的，那么干脆承认就好了，何必再弄其他多余的假说呢？然而，承认光速不变，又该怎么满足相对性原理呢？很简单，根据位移与速度公式 $s = vt$，v 不变，只能让 s 和 t 改变了。

举个例子，看看时间是怎么变化的。假设爱因斯坦坐在车厢中，而物理哥则站在车厢外，一束光从车厢顶端到底端来回的运动——周期信号，可以作为时钟。当车子静止时，爱因斯坦和物理哥的时间是相同的。

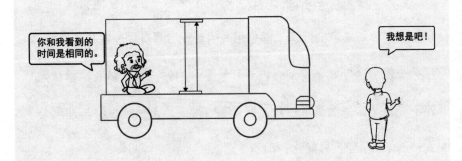

　　假设车子以半光速的速度匀速行驶，由于爱因斯坦坐在车厢中，和光源一起运动，因此测量的时间没有变化；但物理哥就不同了，他看到的光是一条斜线，走的距离比刚才看到的要长，因此测量的时间就变慢了。

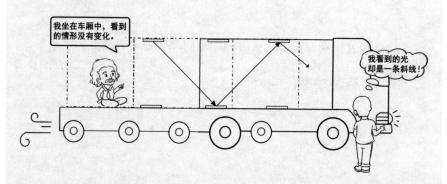

　　关于长度的变化，情况也是如此。假设爱因斯坦坐在车厢中，物理哥站在车厢外。当车子静止时，他们测量的车厢长度是一致的。

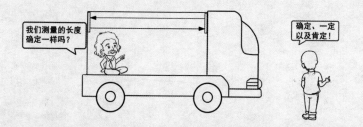

　　然而，当车子运动后，爱因斯坦依然跟着光源运动，因此他测量的车厢长度没有变化；但物理哥就不同了，由于车子在运动，他看到的光程发生了改变，因此测量的车厢长度会变短。

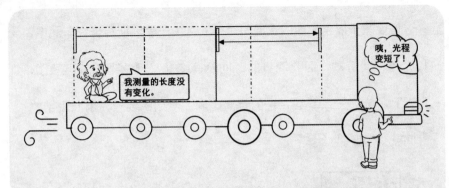

　　若以长度代表空间，那么**时间和空间都会随着运动**而发生改变，

而不是像牛顿说的那样"绝对"。

3

宇宙之外有什么？

"宇宙"这个词非常奇怪，它是一切事物的统称。也就是说，人类无法知道宇宙之外有什么，如果知道了，那么它也就成了宇宙的一部分。

什么！我太霸道了？唉，其实跟我没关系，都是你们人类定义的。

关于人类无法了解宇宙以外的事物，我们从空间维度可以这样理解：一维空间的人只知道前后；二维空间的人只知道前后和左右；三维空间的人知道前后、左右和上下。有一种观点认为，宇宙空间可能是四维的，前三个维度是前后、左右和上下，第四个维度是内外。

一直以来，物理学一直是建立在三维空间上的，平方反比定律便是最好的例子。也就是说，如果空间不是三维的，那么万有引力定律、库仑定律都是不正确的或者需要修正的。

四维空间是什么样子的？这是住在三维空间中的人根本无法理解的，正如住在二维空间中的人无法理解三维空间一样。举个例子，假设处在三维空

间中的我把你从二维空间中拉走了，在其他二维空间的人看来，你凭空消失了。

反过来推，三维空间中的人可以看到二维空间中的人看不到的全貌；四维空间中的人也能看到三维空间中的人看不到的全貌。举个例

子，在二维空间中的你，看到一条线向你驶来，但是在三维空间中的人看来，迎面驶来的却是一辆汽车。以此类推，由于四维空间中的人可以看到物体的全貌，所以在四维空间中的人看来，迎面驶来的不是汽车，而是四个面都能被看见的"怪物"（仅能理解三维空间的我只能这样称呼它了）。

由此可见，如果人类是四维空间或者更高维空间中的生物，那么宇宙绝非我们现在所理解的样子。然而，这并不意味着人类就能完全了解宇宙，因为宇宙之谜是无穷无尽的。

我是谁？
我在哪儿？

高维空间中的物理哥

关于宇宙高维度空间的猜想，目前仍属于理论探索阶段，没有任何证据证明它是真实的。

宇宙的年龄为什么是138亿岁?

哈勃利用造父变星发现了数十个河外星系。当他对这些星系的光谱进行观测时,惊讶地发现,绝大多数的光谱线都向光谱的红色部分移动,这一现象被称为"红移"。根据多普勒效应的原理,所有的星系都在相互远离——天文学称之为"退行"。

光波和声波一样，具有多普勒效应。当光源靠近时，观察者测量的光频率会变高；当光源远离时，观察者测量的光频率会变低。光谱的偏移可以根据光谱中的暗线确定。

恒星和星系的光谱原本是连续的，但由于它们内部含有的元素会吸收掉某些特定颜色的光，所以会形成暗线。每个元素对应一条或者多条暗线，暗线的位置是固定的。当光谱向红色部分移动时，暗线的位置也会发生变化。根据暗线的位置变化，便可计算出星系的退行速度。

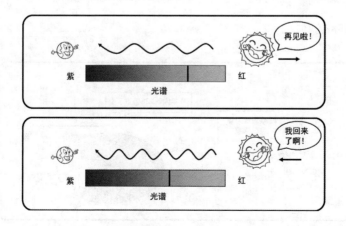

哈勃经过观测发现，星系退行速度（V）与距离（D）成正比，即 $V = HD$，H 被称为"哈勃常数"。我们从 $V = HD$ 可以看出，星系的距离越远，退行速度就越快；星系的距离越近，退行速度就越慢。那么什么时候星系退行速度为 0 呢？毫无疑问，是它们处于同一位置的时候。所有星系处于同一位置的时刻正是宇宙的起始时刻。如果宇宙一直以均匀的速度膨胀至今，那么星系距离（D）与星系退行速度（V）的比值（哈勃常数的倒数）就是宇宙的年龄。

然而，哈勃常数并不容易确定，它需要对大量的星系进行精准测量。哈勃首次测量得出的宇宙年龄仅为 20 亿岁，比当时地质学家确定的地球年龄还要小很多。后来天文学家们采用多种方式测定哈勃常数，得出的数值变化范围较大，宇宙年龄也在 70 亿～178 亿岁变化。根据目前的最新数据，宇宙年龄是 137.99±0.21 亿岁，也就是人们常说的大约 138 亿岁。

需要说明的是，哈勃的关系式并不是基于理论推导出来的，而是从实际测量中得出来的。然而，从20世纪90年代的观测数据来看，宇宙并非匀速膨胀，而是加速膨胀的，因此用哈勃常数来决定宇宙年龄就显得有些问题了。

此外，星系的运动是复杂的，除宇宙膨胀而导致星系退行外，它们本身也是运动的。以M31星系为例，它目前正在靠近银河系。如果考虑并扣除这些因素，哈勃常数会发生一些变化。也就是说，当前给出的大约138亿岁的宇宙年龄并不是从"医学出生证明"中得到的，它的真实值还有待进一步研究。这也是当今天文学领域没有解决的前沿问题之一。

光谱的故事

最早深入研究光谱的是牛顿。1664年，欧洲黑死病肆虐，刚从大学毕业的牛顿不得不回到故乡躲避。那段时间，他时常把自己关在一间屋子里，利用屋顶上的小孔让阳光直射到屋内的三棱镜上，阳光被分解成红、橙、黄、绿、青、蓝、紫七种颜色。牛顿由此得出白色光是复合光，是由其他颜色的光组成的。

19世纪初，英国物理学家沃拉斯顿（1766—1828）改良了牛顿的实验，他在阳光和三棱镜之间增加了一个隙缝，使太阳光成为线

光源，彩色的光谱上出现了几条黑线。沃拉斯顿不明白原因，只当它们是颜色的分割线。

十几年后，德国物理学家夫琅禾费（1787—1826）重复了沃拉斯顿的实验，不同的是，他采用了更加精密的光学仪器，并观测到太阳光谱含有500多条黑线。他不清楚黑线存在的原因，只将它们全都标在光谱上，这些黑线后来被称为"夫琅禾费谱线"。

可见光的光谱本来是明亮且连续的，暗线表示某种颜色的光缺失。为什么会缺失呢？1859年，德国物理学家基尔霍夫（1824—1887）找到了答案。当时欧洲人已经使用燃气作为生活燃料，燃料不同，火焰的颜色不同。人们发现不同金属元素可以改变火焰的颜色，比如钠元素会让火焰变得更黄。

德国化学家本生（1811—1899）提出了一个反向思考的问题：能不能根据火焰的颜色来确定元素呢？于是他发明了没有火焰的灯，这种灯采用一氧化碳为燃料，发出的光几乎都在紫外区域，因此肉眼看上去没有火焰。如果将钠元素放上去，黄色火焰就会呈现出来。本生与基尔霍夫是好朋友，他把这个现象告诉了基尔霍夫。基尔霍夫建议用三棱镜来观测火焰的光谱，果然，他们从三棱镜中看到了钠元素火焰的光谱——仅在黄色区域有一条明线。经过大量的实验，基尔霍夫证实每种元素都有对应的一组谱线，这组谱线被称为"元素发射谱线"。

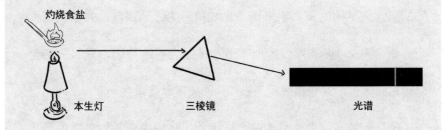

基尔霍夫并不满足，他让太阳光和钠元素燃烧的光一同进入三棱镜，得到了彩虹般的光谱，而原本明亮的发射谱线变成了暗线。

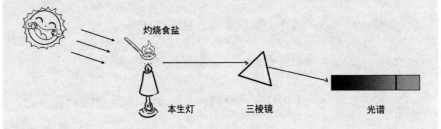

基尔霍夫这下明白了，原来钠元素燃烧会发射一组特定频率的光，呈现在光谱上就是明亮的谱线。当太阳光照射到钠原子时，相同特定频率的光就会被钠原子吸收，从而在彩色光谱上看到一组暗线，这组暗线被称为"元素吸收谱线"。

反过来看，当观察到恒星光中的谱线位置时，就能判断恒星上

有什么元素。以氦元素为例，1868年，法国和英国的天文学家在太

阳光谱中发现了一条新的暗线，但这条暗线不属于当时已知的任何

元素谱线，因此他们就以希腊神话中的"太阳神"给它命名，也就是

后来被证实的氦元素。

　　同种元素的吸收和发射谱线的位置是固定的，但当光源远离或

者靠近时，观察者就能看到谱线的移动，光源移动速度越快，谱线

偏移就越大。向红色部分移动，被称为"红移"，表示光源正在远离；

向紫色部分移动，被称为"紫移"，表示光源正在靠近。根据这一原

理，我们只需要观察恒星的光谱，就可以确定恒星上的元素种类和

退行速度。

宇宙为什么看上去是黑色的？

必须有足够多的可见光波段的光子进入我们的眼睛，我们才能看见物体。

地球上的白天之所以明亮，是因为太阳光进入大气后，在大气分子和尘埃中发生了散射，从而导致各个方向都有足够多的光子。假设地球没有大气层，那么白天的天空会和夜晚一样漆黑——除非朝太阳望去。

宇宙由星体、星际物质和星云构成。星体主要指的是恒星和行星，其中恒星能够自己发光。尽管宇宙中有数不清的恒星，但相对于广袤的宇宙空间来说，它们的体积实在小得可怜。除太阳外，其他恒星距离地球太远，到达地球的光子少之又少，看上去就成了点点繁星。

星际物质主要由原子、分子、电子和离子等组成，密度非常小。宇宙大部分空间的物质密度可能为每立方厘米1个氢原子，因此也就无法把恒星的光反射得满天都是。星云主要由气体分子和尘埃颗粒组成，利用太空望远镜可以看到宇宙中很多形状奇特的星云，这些星云反射的光都不足以让人的肉眼直接看见。

此外，虽然银河系内也有大量的星云，但它们并没有帮我们点亮星空，反而起到了阻碍作用。**研究表明，银河系中心区域发出的可见光在传播过程中，绝大部分被星云所吸收和遮挡，仅有万亿分之一到达了地球。**如果这些星云不存在，那么夜晚看银河时，它的中心区域会和皓月一样明亮。

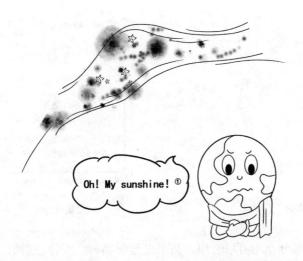

既然宇宙不能靠繁星点亮，那么它能不能靠自身发光呢？事实上，任何物体都在不断地吸收和辐射电磁波（见123页），宇宙也不例外。

---

① Oh! My sunshine！翻译为"哦，我的阳光"，有一些流行歌曲会以此作为歌词。

如果一个物体既可以自身辐射电磁波，还可以时刻反射照向它的电磁波，那么从外面看，这两束电磁波是无法区分的，也就无法判断该物体的辐射能力。为此，基尔霍夫引入了一个名叫"绝对黑体"的假想物体，因为它能吸收一切照向它的电磁波而不反射出去，所以从外面测量到的电磁波就全都来自它自身的辐射。

假设在某个腔体上仅有一个小孔，电磁波进入后，在内部经过多次反射最终被吸收，这就是一个绝对黑体。我们通过测量，就可以得出它的能量分布与波长、温度之间的关系。

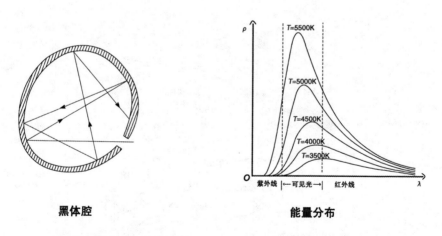

黑体腔　　　　　　　　　　　　**能量分布**

从能量分布图可以看出，当温度足够高时，腔体辐射的电磁波才能覆盖到可见光波段。根据观测，宇宙内部的电磁波的峰值在微波段，并没有覆盖可见光波段。由此可以推算出，宇宙的温度在3K（绝对温标，见206页）左右。

因此，宇宙看上去是黑色的是一件好事，如果宇宙看上去不是黑色的，那么就意味着宇宙温度超过了700K。那样的话，地球每天将倍受炙烤，人类恐怕也没有存在的可能了。

光是什么？

早在古希腊时期，哲学家德谟克利特（约公元前460—公元前370）就提出了光的微粒说，他认为光是由原子微粒组成的。尽管没有任何证据证明光就是微粒，但也没有证据证明光不是微粒，因此光的微粒说在接下来的两千多年里未逢敌手。

17世纪中叶，英国物理学家胡克（1635—1703）提出了光的波动说，其证据来源于五颜六色的肥皂泡，他认为肥皂泡呈现的颜色正是光波干涉引起的。然而，胡克的观点很快受到了同时代牛顿的挑战。

牛顿是光的微粒说的代表人物，他认为光就像一个个刚性十足的小球，遇到物体会反弹。由于牛顿在科学界的权威地位，光的微粒说在当时也就成了主流学说。

19世纪初，对牛顿无比崇拜的英国天才托马斯·杨（1773—1829）选择站在了真理这边，他用双缝干涉实验证实了光是一种波。在事实面前，所有人不得不放弃光的微粒说。后来麦克斯韦、赫兹等人进一步证实了光就是电磁波，从而**彻底宣判了光的微粒说的"死刑"**。

电磁学的发展极大地推动了第二次工业革命，导致钢铁的需求激增，很多国家急需新的技术来提高炼铁的品质。虽然炼铁技术历史悠久，但炼铁的过程依赖经验。人们发现炼铁炉的温度与颜色有关，暗红色代表温度较低，明亮发青代表温度较高。温度高表示能量大，能量和温度之间有什么关系呢？自19世纪20年代起，科学家们发明了多种仪器来测量炉子辐射的能量，并研制出了能测量1000℃以上高温的温度计。1881年，美国科学家兰利（1834—1906）根据棱镜能将光分离的原理，设计了一种可以测量不同波长光辐射能量的仪器。这种精密的仪器能测量出近似黑体辐射的能量分布。

万事俱备，只欠东风。这个东风便是描述黑体辐射能量分布的数学公式。德国物理学家维恩（1864—1928）基于实验数据，推导出了一个公式，但该公式只在短波波段（频率高）与实验结果相符，而在长波波段（频率低）则与实验结果不一致。后来，英国物理学家瑞利（1842—1919）从另一角度推导出了一个新的公式，虽然该公式满足了长波波段与实验结果一致的要求，但短波波段又与实验结果不一致。

1900年，德国物理学家普朗克（1858—1947）重新审视了这两个公式，又提出了一个新的公式，即"黑体辐射公式"。这个公式在长波波段和短波波段都与实验结果相符合。

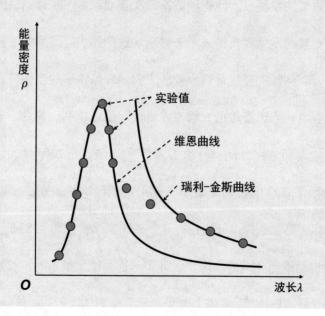

普朗克的公式有什么物理学意义呢？19世纪中叶，热质说（认为热是一种物质或元素）被"赶出"了物理学领域，人们认识到热是物体分子运动的宏观表现。麦克斯韦从统计角度出发，推导出了气体分子速度分布定律。这一成果引起了德国物理学家玻尔兹曼（1844—1906）的极大兴趣，玻尔兹曼随后提出了能量与温度的分布公式，即"玻尔兹曼分布"。

普朗克在玻尔兹曼分布的基础上，将电磁波看成一个个具有动能的气体分子，再次成功地推导出了黑体辐射公式。那么问题来了，气体分子是一个个的，而电磁波是连续的，它们怎么能混为一谈呢？简单来说，一个由气体分子组成的系统，总能量是所有气体分子动能之和。假设有一种理想化的仪器，能将速度为 v 的气体分子全都排成一排，每一个分子代表一份能量，即同一速度下的分子能量是一份一份的。类似地，如果把分子速度 v 换成电磁波频率 f，那么相同频率下电磁波的能量也是一份一份的。

一直以来，人们都认为电磁波能量是连续的，可以无限分割下去，分割后得到的能量没有最小，只有更小，可以无限接近于 0。但从普朗克黑体辐射公式来看，情况并非如此，某个频率的电磁波的能量不能无限分割下去，而是存在一个最小的能量，即光子的能量。单个光子的能量由频率决定，公式为 $E = hf$，其中 h 是普朗克常数，f 是光子的频率。

尽管普朗克的这一假说遭到了当时科学家们的质疑，甚至普朗克本人也不愿意相信，但后来的实验物理学家在实验中找到了光子。光的微粒说得以"死而复生"，但光微粒并非德谟克里特或者牛顿所描述的那样，它具有波动性，其微观性质需要用量子物理学理论才能解释。

6

宇宙中存在外星人吗？

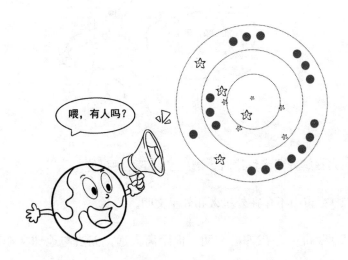

一个人孤单久了，就会想着找个人唠唠嗑。人类是目前宇宙中已

知的唯一的高等智慧生物，不禁让人好奇，人类是否孤单？地球之外

是否还有外星人？1950年，美籍意大利物理学家费米（1901—1954）

在与他人讨论UFO（Unidentified Flying Object，不明飞行物）与外星

人时，突然提出了一个问题："他们在哪儿？"这个问题引发了天文学

界对外星人是否存在的广泛讨论，这个问题后来被称为"费米悖论"。

费米悖论的核心在于：**如果外星人不存在，为什么地球存在高等智慧生物？如果外星人存在，为什么至今人类还没有发现他们的踪迹？**

后人在解释费米悖论时，给出了以下几种可能。

（1）宇宙中不存在外星人和外星文明。

（2）宇宙中存在外星文明，但距离太远，无法与地球文明取得联系。

（3）外星人可能曾经来过地球，但是不凑巧，人类那时还没有进化成高等智慧生物。

（4）成熟的文明可能会隐藏自己，不愿意轻易在宇宙中暴露。

---

① 铁锅炖大鹅是东北地区的名菜。

实际上，费米悖论在物理学领域并不算有名，甚至比他自己提出的其他悖论逊色许多。然而，由于它处于特定的历史时期，才有了一定的热度。1947年，美国一位飞行员开着飞机执行任务，在空中发现了九个白色碟状飞行物。这些飞行物的速度非常快，每小时约2000千米，并很快就消失在该飞行员的视野中。这件事被新闻媒体报道后，在美国引起了巨大的轰动，"飞碟"一词也由此风靡一时。不过飞碟究竟是什么，至今我们也没有办法找出真相，因此我们只能用UFO来描述了。

1948年，美国另一位飞行员同样也看到了UFO，并打算跟踪它，却因操作失误导致机毁人亡。不久，这名飞行员所看到的UFO被证实是大气探测气球，真是令人唏嘘不已。

随着关于UFO信息的广泛报道，20世纪60年代，西方国家出现了一些以外星人为主题的科幻小说，而这些小说又让人对外星人的存在感到深信不疑，一些学者甚至将UFO与外星人联系起来。一时间，关于UFO的报道不绝于耳，故事情节更是五花八门。1968年，美国政府组织几十位科学家对已报道的多起UFO事件进行了跟踪，得出的结论是这些UFO事件要么属于自然现象，要么是人类发射的某种探测物体，因此美国政府认为这些研究是没有意义的，于是停止了关于

UFO的调查，对外星人的探索也暂时告一段落。

要想探索外星人和外星文明的存在，首先要弄清地球生命的起源。关于地球生命的起源，有很多种假说，这里我们仅讨论化学起源说。根据对地球最古老岩石的勘测，地球被认为是在45亿至46亿年前诞生的。当时的地球比现在的金星还要"暴躁"，到处都是喷发的

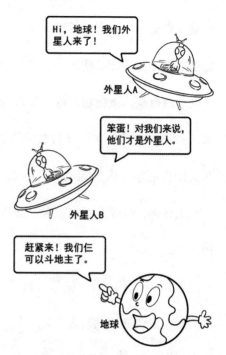

火山，天空中弥漫着硫化氢、甲烷和二氧化碳等气体。由于地球温度太高，所有的水都以气态形式存在于大气中。随着地球温度的降低，喷发出的熔岩冷却形成大陆，而大气中的水蒸气形成雨滴降落到地面上。这场雨足足下了100多万年，最终形成了海洋和湖泊，地球渐渐变成了名副其实的"水球"。

在"多雨"的岁月里，天空中总是电闪雷鸣，在闪电的作用下，一些无机分子化合成有机分子，并流入海洋中。这些有机分子又借助

海底火山提供的热能，与气体化合物产生化学反应，形成了蛋白质、碳水化合物、核酸等更复杂的有机分子。**大约38亿年前，这些有机分子逐渐演化成了最初的原核细胞——生命开始了。**

由此可见，水和有机物是必不可少的，没有它们就没有原始生命。因此，探索一个行星有没有生命存在的可能性，首先要探测它是否含有大量的水——哪怕结成了冰。根据目前的探测，太阳系中含有水的岩质天体不在少数，如木星的第二、三、四颗卫星以及土星的第一、二、三、四颗卫星都含有大量的水，火星表面也被认为有古老的河床。由此推断，宇宙中含有水的天体非常多。

有机物是生命诞生的另一个前提。有机物本意是指来自生命体的物质，一般是指含有碳、氢等元素的化合物，如酒精、脂肪、氨基酸等。

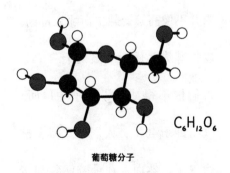

$C_6H_{12}O_6$

葡萄糖分子

20世纪60年代，天文学家们在星际物质中发现了有机物，因此，关于地球有机物的来源就多了一种假说——来源于宇宙。无论地球有机物是来源于星际物质还是通过闪电作用形成的，既然地球上存在有机物，那么其他行星也可以有，即含有水和有机物的岩质行星在宇宙中可能非常多。

有了生命起源的条件并不表示这些星球上就能诞生高等智慧生命。回顾人类进化的历程，用"奇迹"来形容这一过程毫不夸张，除了那些险恶的自然环境，地球还曾经历过多次物种大灭绝事件，如果把其中任何一次大灭绝事件放到现在，人类都将面临灭顶之灾。因此，也**许具备高等智慧生命就是地球独有的DNA（脱氧核糖核酸）**，在整个宇宙中独一无二。

然而，我们并不能排除地外生命的存在，因为生命对环境的要求并不像高等智慧生命那么苛刻。以地球人为例，气温低于-40℃，人们恨不得钻到牛肚子中取暖；气温高于40℃，人们会觉得要被烤熟了。然而，在沸腾泥浆和接近100℃的海水中仍有生命存在。相比之下，一些地外行星的自然环境似乎还没有如此恶劣。因此，我们有理由相信宇宙应该存在地

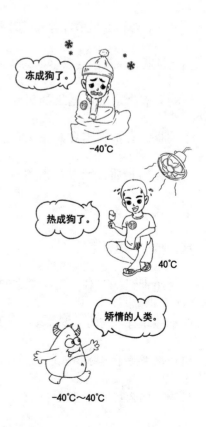

冻成狗了。

-40℃

热成狗了。

40℃

矫情的人类。

-40℃～40℃

外生命。

以上说法只是猜测，科学需要严谨的证据，而行星的特性使得寻找这一证据变得艰难。首先，行星本身不能发光，只能依靠反射的恒星光（此处指可见光），但反射的恒星光非常弱，很难被人类看见。以地球为例，如果在32光年外观察地球，它的亮度（反射的阳光）大约

相当于在地球上看月亮上点燃的一支蜡烛（假设月亮上能点燃）。其次，行星的构造十分复杂，并不像恒星那样透明——用数学计算就能算出来。人类脚底下的地球仍有许多未解之谜，更别说遥远的天体了。

宇宙会死亡吗？

　　宇宙的空间模型在理论上分为三种，即平坦宇宙、球状宇宙和双面马鞍面宇宙。宇宙到底是哪一种呢？弗里德曼认为这和宇宙的密度有关。他将平坦宇宙下计算的密度作为宇宙临界密度，我们将它定义为1，如果宇宙的平均密度小于1，则宇宙是双面马鞍面的；如果宇宙密度大于1，则宇宙是球状封闭的。

　　实际上，以上理论也能从常识中得出，由于万有引力的存在，宇宙万物都有向中心聚拢的趋势。

　　如果宇宙物质的平均密度小于临界密度，那么说明宇宙中物质不够多，不足以抵抗宇宙膨胀的趋势。在这种情况下，宇宙将会无限地膨胀下去，即"开宇宙"。

假设宇宙为开宇宙，宇宙平均密度会随着膨胀而减小，星际物质之间将会相互远离，恒星将无法被点燃。已经点燃的恒星随着生命的流逝，会变成白矮星、黑矮星、中子星和黑洞，宇宙将会重回黑暗状态。宇宙的温度也会不断下降，背景辐射将会接近绝对零度（0K）。整个宇宙会处于一种死寂的状态，恐怕再也没有哪种力量能让宇宙重现往日的风采。

如果宇宙物质的平均密度大于临界密度，那么即使现在宇宙是膨胀的，但总有一天引力会占据上风，宇宙又会收缩，即"闭宇宙"。

假设宇宙为闭宇宙，宇宙的膨胀会有所减缓并最终导致收缩。宇宙一旦收缩，密度增加，星际物质会聚集得越来越大，会产生更多的黑洞。宇宙的温度会越来越高，当温度高到一定程度时，曾经辛苦诞生的原子会被摧毁，宇宙最终会回到原始原子的状态。在这

种情况下，只能期待下一次大爆炸，宇宙才能重新开始。

无论宇宙是开宇宙还是闭宇宙，人类都难免一死。 不同的是，在开宇宙中，人类最终是冷死的；而在闭宇宙中，人类则是热死的。

宇宙密度是高于临界密度还是低于临界密度呢？根据目前的观测，宇宙密度低于临界密度，但这个观测值仅仅是根据观测到的"亮物质"得出的，并没有把暗物质加上去。宇宙中的暗物质的质量大概为"亮物质"的5倍。如果把暗物质加上，宇宙密度会非常接近于临界密度。

说到这里，我们似乎忘记了宇宙正在加速膨胀（见196页），而导致宇宙加速膨胀的"罪魁祸首"正是暗能量。爱因斯坦当年提出的宇宙常数实际上和密度有很大关系，也就是说，如果宇宙要维持稳定，那么宇宙常数所代表的暗能量密度与物质密度加起来正好等于临界密度。

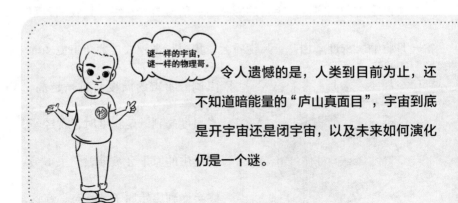

谜一样的宇宙，谜一样的物理哥。

令人遗憾的是，人类到目前为止，还不知道暗能量的"庐山真面目"，宇宙到底是开宇宙还是闭宇宙，以及未来如何演化仍是一个谜。

奇怪的问题又来了

问1

如果我（物理哥）能彻底理解四维空间，我是否会像牛顿和爱因斯坦那样伟大？

▶ **答：** 爱因斯坦建立狭义相对论后，时间和空间都不再是绝对的了。爱因斯坦的老师闵可夫斯基（1864—1909）在此基础上，构建了四维时空概念，即"闵氏空间"。举个例子，一只苍蝇绕着鸡腿做圆周运动，如果在三维空间中观察，那么它的轨迹是一个圆；如果把它置于**四维空间**中，那么它的轨迹像被拉起来的弹簧。这条被拉起来的线（弹簧）就是苍蝇的"世界线"。如果将鸡腿看成一个圆，那么它的轨迹将是一个圆柱体，圆柱体的面就是鸡腿的"世界面"。

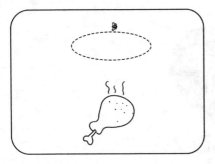

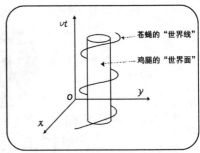

毫无疑问，在上述的时空图中，将苍蝇看成了一个点（一维），将鸡腿看成了一个面（二维）。如果不这样处理，会怎样呢？其

欧几里得

实没有办法直接描绘出四维时空中的复杂结构，因为闵氏空间和你所提到的"四维空间"不是一个概念，你所提到的空间准确来说被称为"四维欧几里得空间"。欧几里得（约公元前330—公元前275）是古希腊数学家，他所著的《几何原本》是几何学的基础，后世以他的名字命名我们所处的三维空间，简称"欧氏空间"。

如果你能找出四条相互垂直的直线，就表示你彻底理解了四维空间，但很显然找不到。假设你因某种意外（如滑倒磕到了脑袋或被闪电击中），从此拥有了特异功能，可以轻松理解四维空间，你也很难扬名立万，因为除了一些数学上的推导或者简单的投影，你根本没有办法向其他人解释四维空间的具体形态。虽然真理往往掌握在少数人手里，但命运往往并不因此偏爱他们。历史上，有不少人曾宣称自己是那一类少数人，但最终他们不是成了"神"就是成了"神经病"，而后者往往多于前者。

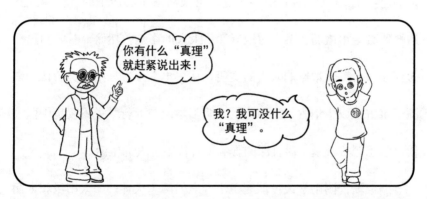

因此，假设你真的理解了四维空间，而别人都不能理解的话，你也只能感慨一句："微斯人，吾谁与归？"

问2

如果银河系的中心没有被星云遮挡，我们在地球上就可以看到两个月亮，那么会发生怎样的故事？

▶ **答：** 地球离银河系中心太远，由银河系中心产生的宇宙射线到达地球时会很微弱，不会对地球产生太大的影响。然而，"两个月亮"的存在却会深刻地影响人类的文明。从根本上说，早期人类的认知来源于宇宙，以中华古代文明为例，阴阳学说与五行学说不仅是中国古代哲学思想的根基，而且深刻影响了古代中国人的生活。

据推断，阴阳学说可能起源于天上的两个天体——太阳星和太阴星；而五行学说则可能起源于肉眼可观测的五个行踪不定的天体——金、木、水、火、土。

如果天上有两个月亮，那么阴阳学说可能就会被改写。唐诗宋词中可能就不会出现大量描写月亮的诗歌了，毕竟天上有两个月亮，也就没有那么珍贵了。

如果光速是无限的，如何重新定义如今的宇宙？

▶ **答：** 作为宇宙中速度的"天花板"，光速是物理学中最基本、最重要的常数之一。如果光速是无限的，那么时间就不复存在了；如果没有了"时间"这个物理量，那么物理学大厦也会轰然倒塌。我们现在先对物理学大厦的倒塌视而不见，探讨光速无限对宇宙的影响。

可观测宇宙以及哈勃体积都是基于光速有限推导出来的。如果光速无限，那么我们所理解的宇宙将会是无限的。

其实问题没有那么简单，如果宇宙是无限的，那么任何一点都是宇宙的中心。根据本特利悖论，地球极有可能会因万有引力而被撕得粉碎。尽管你可能认为宇宙中存在的暗能量会阻止这一切的发生，但是奥伯斯佯谬可能真的难以回避。

1826年，德国天文学家奥伯斯（1758—1840）针对宇宙无限论提出了一个佯谬：在宇宙中任意选择一点为圆心，画一个球体，从圆心处观测，理论上可以看见球内所有的恒星。球体越大，看到的恒星就越多，宇宙就会越亮。如果球的半径趋向无穷，那么圆心点将会无

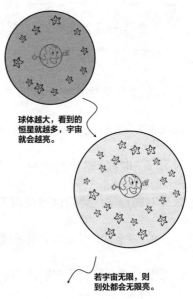

球体越大，看到的恒星就越多，宇宙就会越亮。

若宇宙无限，则到处都会无限亮。

限亮。也就是说，若宇宙无限，则到处都会无限亮。

从今天的知识角度来看，奥伯斯佯谬是难以成立的，因为宇宙的年龄约为138亿岁，这意味着，138亿光年以外的恒星发出的光尚未到达地球。如果光速是无限的，那么奥伯斯佯谬就成立了。无限亮的宇宙意味着宇宙能量无限大，这样的宇宙能存在吗？也就是说，如果光速无限，宇宙根本就不存在；宇宙不存在，又怎么存在光呢？这是一个蛇头咬蛇尾的问题，要解开它，只能放弃那些荒诞的假设。

实际上，在历史的长河中，有不少科学家认为光速是无限的，其中包括亚里士多德、"天空立法者"开普勒（1571—1630）以及近代哲学之父笛卡儿（1596—1650）。笛卡儿甚至断言，如果光速有限，那么他的整个哲学体系将会土崩瓦解。然而，在笛卡儿逝世不到30年后，丹麦天文学家罗默（1644—1710）证实了光速是有限的，令人惊讶的是，笛卡儿的哲学体系并未因此土崩瓦解。

与光速猜想类似，牛顿曾提出过引力速度无限论，即超距理论。这一理论可以通过万有引力公式得以体现。

若它等于0

$$F = G \frac{M_\odot m_e}{R^2}$$

则它立刻等于0

虽然牛顿在逝世后逐渐被神化，其超距理论也变得不可动摇，但最终超距理论还是被法拉第提出的场理论取代，引力速度被认为和光速一致。如此说来，难道万有引力公式也是错误的？其实，物理学的本质是对自然现象进行归纳和总结，然后建立数学模型。因此，我们不能说万有引力公式是错误的，只能说这个数学模型不够精确。从这个角度推测，假设光速是无限的，并且同样能形成今天的高等智慧生物（人类），那么人类也会认识到这一点，并建立起与现代物理学完全不同的物理学模型。

问4

目前人工智能火爆全球，这个以硅原子为基础的"智慧"似乎快要超越人类的智慧了。宇宙会不会存在以硅基为生命的外星人呢？

▶ **答：** 硅基生命的概念与人工智能并无直接关系。早在19世纪末，就有科学家基于硅原子与碳原子具有相似的化学性质，提出了用硅原子取代碳原子构建生命的假设。后来人们发现这个假设难以成立，生活中碳的有机物非常丰富，而硅的有机物却寥寥无几，因为硅原子比碳原子大，所以难以和其他原子形成稳定的化学结构。

假设人类的骨骼是由硅原子构建的，那么人类千万不要参加摔跤比赛，因为轻轻一摔就可能粉身碎骨。简而言之，硅的有机物很脆弱。

随着ChatGPT的问世，人工智能的热潮席卷全球。这项基于深度学习的语言大模型似乎能代替人类完成许多工作，如聊天、绘画、写小说等，大有让人类失业的趋势。一些乐观的学者认为，以ChatGPT为代表的人工智能将在10年内，学习完人类几千年积累的所有知识。于是，新的问题诞生了：宇宙中会不会存在以芯片为基本单元的硅基外星人呢？如果存在的话，他们的技术相比于人类的技术，应该遥遥领先了吧？

可以肯定的是，宇宙中不存在硅基外星人，甚至连硅基生命都没有存在的可能。理由有以下两点。

首先，宇宙起源于大爆炸，在大爆炸后相当长的一段时间内，宇宙是没有任何生命的。如果宇宙中存在硅基外星人，他们也会像人类一样，有一个漫长的进化过程。既然要进化，就得有食物，碳基生命离不开碳元素，硅基生命离不开硅元素，可是宇宙中硅元素的含量远低于碳元素，且大部分硅元素是以二氧化硅（沙子的主要成分）的形式存在的，硅的有机物几乎可以忽略不计。

其次，人类的知识是通过学习和创新不断积累的，而非直接遗传的。假设知识能遗传，人类文明会更加璀璨吗？恰恰相反，人类文明可能都不会出现。理由很简单，假设牛顿脑袋里的知识完全遗传给了下一代，那么他们就永远坚信光是一种微粒，而绝对不会相信光也是波。人们在惊叹于人工智能强大的学习能力时，却忽略了知识积累的目标是创新。即使宇宙中真的存在硅基生命，而且像人工智能一样能在短暂时间内学会过去所有的知识，但由于缺乏创新的动力和机制，他们的技术也绝对不会超过人类。

Part 02

恒星与黑洞

一闪一闪亮晶晶，满天都是小星星

来自天上的秘密

1 恒星是从哪里来的？

2 恒星是怎么"死亡"的？

3 为什么同是恒星，命运却不相同？

4 黑洞有什么秘密？

5 反物质是什么物质？

恒星是从哪里来的？

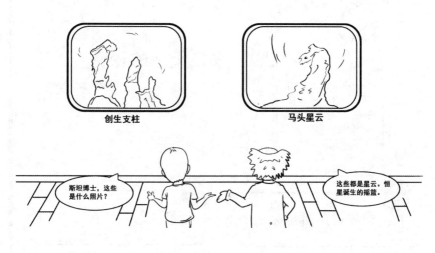

创生支柱

马头星云

斯坦博士，这些是什么照片？

这些都是星云。恒星诞生的摇篮。

大约138亿年前，一颗原始原子发生了大爆炸，产生了大量的粒子，宇宙诞生了。当宇宙70万岁的时候，这些粒子组合成氢原子和氦原子，形成庞大而稀薄的气团，飘浮在宇宙中。由于气团不是均匀分布的，各处引力有大有小，从而导致一些区域的气团会相互聚拢，最终坍缩成星云，被称为"母体星云"。

母体星云继续坍缩，密度增大，内部开始产生"矛盾"，不断地分裂成若干星云块。这些星云块就是孕育恒星的"胚胎"，天文学称之为"星胚"。

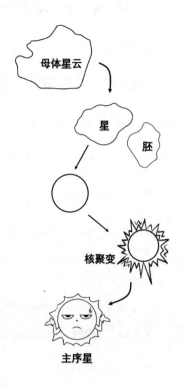

星胚在引力作用下加速坍缩，中心气体温度越来越高，最终将氢原子点燃（核聚变），燃烧的氢原子又会产生极高的温度，继续"感染"周围的原子，于是一传十、十传百，一颗恒星就诞生了。它就像呱呱坠地的婴儿一样，开始有了年龄和生命。自此，宇宙开始有了光明。

点燃的恒星被称为"主序星"。从母体星云到星胚可能需要几千万年，从星胚到恒星诞生只需要约100万年，而主序星阶段往往会持续数亿年甚至数百亿年，因此人们常常把恒星的"寿命"定义为它的主序星阶段。恒星的寿命跟它的质量有关，它的中心区域就像一个大火炉，里面熊熊"燃烧"（核聚变）的主要是氢原子。和我们平时烧柴火的炉子一样，炉里的柴火越多，火越旺；火越旺，柴火烧得越快。

恒星质量越大，中心区域越大，燃烧越旺盛，恒星处于主序星阶段的时间就越短。

天文学将主序星时的太阳质量记为 $M_\odot$。根据理论计算，太阳的寿命约为100亿年（见91页），而 $6M_\odot$ 的恒星，寿命就缩短至太阳的百分之一，仅有1亿年的寿命，$15M_\odot$ 的恒星仅有1500万年的寿命，$0.8M_\odot$ 的恒星寿命可达到2000亿年。然而，目前宇宙中还没有发现此类恒星的"遗体"，因为宇宙仅约为138亿岁。

当恒星迈过主序星阶段，就步入了"老年"，此时它们会变得越来越"胖"，极有可能会用一次爆炸来结束自己光辉灿烂的一生。

① 法国批判现实主义作家司汤达的墓志铭："阿里哥·贝尔，米兰人，活过，爱过，写过。"

爆炸产生的强大冲击力将恒星的外壳冲碎，抛射到宇宙中，而原来的中心区域会保留下来，继续演化。质量小一点的演化成白矮星，质量大一点的演化成中子星或者黑洞。在宇宙早期，由于空间较小，物质之间很拥挤，因此形成的第一代恒星普遍较大。这些大恒星的寿命也比较短，一般不超过1亿年。它们大部分在爆炸

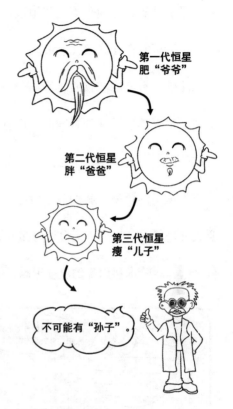

第一代恒星
肥"爷爷"

第二代恒星
胖"爸爸"

第三代恒星
瘦"儿子"

不可能有"孙子"。

后变成了黑洞，其中一些黑洞成了后来星系的中心。

被抛射到宇宙中的外壳既有气体，也有固体。它们在宇宙中继续飘浮，可能会和其他星云结合，在引力的作用下逐渐收缩，直至中心区域再次被点燃——第二代恒星诞生了。

第二代恒星会踩着前辈们的脚印，变成白矮星、中子星或者黑洞，被抛射到宇宙中的外层物质成为第三代恒星的原材料。恒星一代比一代小，寿命也相应地一代比一代长。太阳目前约46亿岁，根据其重元

素含量的估算，它属于第三代恒星。根据理论计算，目前的宇宙条件下，不太可能存在第四代恒星。

此外，有些固态物质相互结合，形成了岩质的行星。地球就是某个超新星爆炸后形成的。同时，还有些气态的行星，它们虽然由星云组成，但是质量太小，中心区域的引力不够，"点不着火"，也就失去了成为恒星的资格。我们身边就有一颗气态行星——木星。木星的主要成分是氢（有些研究认为其内部可能是岩质的），质量仅为太阳的千分之一。尽管木星内部的温度很高，但还未达到氢核聚变所需的温度。

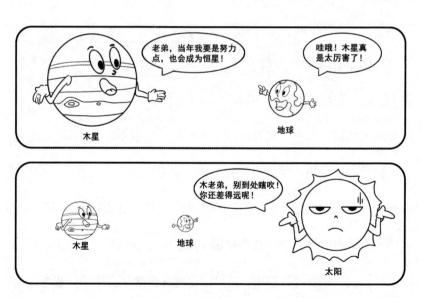

现代科学认为，恒星的质量下限是 $0.08M_\odot$，质量上限是 $150M_\odot$。太大的恒星（处于主序星阶段）"情绪不稳"，会甩掉外部的一些物质

来"满足"人类建立的天文理论。然而，宇宙总是充满了未知，目前所观测的最大恒星质量约为 $315M_\odot$。这颗恒星是怎样保持稳定运行的呢？现在还不得而知，一些天文学家猜测，它可能已经度过了主序星阶段，演化成了一个红超巨星。

2

恒星中的大火炉是怎么燃烧的？

以太阳为例，关于太阳的能量来源，历史上有很多猜测，如煤炭说、流星撞击说、太阳收缩说等，但它们都经不起推敲。

煤炭说

很久以前，人们认为太阳上面燃烧的是地球上见过的耐烧的煤炭，但根据太阳质量估算，这些煤炭仅能维持约5000年——比人类文明史还要短。

流星撞击说

这种观点认为，流星的撞击能激发出巨大的能量，但要维持巨大的能量，每年需要有1个月亮质量的流星消耗在太阳上。因此，太阳就会越来越重，引力就会越来越大，地球也就会越来越靠近太阳，一"年"也就会越来越短。

太阳收缩说

这种观点认为，太阳不断收缩，其势能转化为热能。然而，随着太阳变"瘦"，引力变小，地球会逐渐远离太阳，一"年"会变得更长。

首次朝着正确方向思考的是英国天文学家爱丁顿（1882—1944）。他认为太阳由氢气组成，氢气在引力的作用下收缩，太阳中心的温度非常高，足以让氢气分子发生核聚变。他还估算出太阳中心的温度大约为4000万摄氏度。由于当时人们对核聚变认识有限，误以为要几百亿摄氏度的高温才能进行核聚变，因此爱丁顿的观点很难被人们接受。此外，爱丁顿也没有办法详细阐述恒星内部是怎样核聚变的，原因在于当时的科学家们对原子的认识不够全面。直到中子被发现后，美籍德国物理学家贝特（1906—2005）才提出了太阳核聚变的步骤。

第1步：两个质子（氢的原子核）相互碰撞发生聚变，产生了一个氘核，并释放出一个正电子和一个中微子。

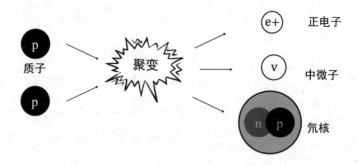

第2步：一个氘核与一个质子发生聚变，生成一个 ^{3}He 核，同时释放出一个 γ 光子。

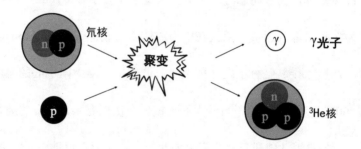

第3步：两个 ^{3}He 核之间会发生聚变，产生 ^{4}He 核和两个质子，同时释放出一个 γ 光子。

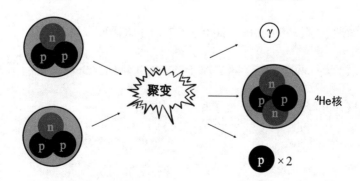

与太阳类似，恒星的能量也主要来自其中心的核聚变。恒星质量越大，内部的温度就越高。当温度在700万～1500万开时，恒星内部的主要核反应是氢聚变；当温度高于1500万开时，部分氦核也会参与核聚变，产生碳核。

太阳中心的温度约为2000万开，它的能源有99%来自氢聚变，仅有1%来自氦聚变。氢聚变改变了太阳上的元素结构，氢的总量越来越少，氦等其他元素的总量越来越多，元素的含量体现在光谱上，由此可以估算出太阳的年龄约为46亿岁。值得注意的是，这些数值都是估算得来的，并没有严格的"时间记录表"。

核聚变会产生大量的光子和热，这些能量继续维持着中心部分的核聚变，光子不是直接辐射出来的，而是经历了一段非常"艰苦"的旅程才到达恒星表面的，太阳中心辐射的光子到达太阳表面需要几万年甚至十几万年。

原子的故事

"原子"一词来源于古希腊语，本意是"不可分割的"。古希腊哲学家德谟克利特认为宇宙万物都是由不可分割的原子组成的，包括光和人的灵魂。他认为原子在排列上的不同造就了物质的多样性。然而，朴素的原子论遭到了亚里士多德的反驳，亚里士多德认为宇宙万物由元素组成。二者的区别在于原子是粒子的，而元素是连续的。简而言之，朴素的原子论认为宇宙万物"生于一"，而朴素的元素论则认为宇宙万物"生于无"。

由于亚里士多德的学术地位，原子论在物理学界一直没有"火"起来。直到19世纪初，随着化学科学的发展，人们才意识到原子是

真实存在的。原子真的如它的名字那样不可分割吗？这一谜题直到
19世纪的最后几年才被揭开。

19世纪中叶，科学家们发现了一个很有趣的现象：如果在真空
管的两头装上电板，并向电板加入几万伏的高电压，则电板的阴极会
发射出绿色的辉光，被称为"阴极射线"。阴极射线是什么？大约半
个世纪后，英国物理学家汤姆孙（1856—1940）揭晓了答案。他在真
空管上增加了一个磁场，发现阴极射线在磁场中会偏转，根据计算比
荷，断定它们是一种带负电的粒子流。汤姆孙将其命名为"电子"。

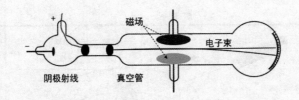

电子从哪儿来呢？必然从原子中来。如此一来，原子就是可分
的。那么原子内部是怎样的呢？汤姆孙认为应该就像加了葡萄干的
蛋糕一样。

汤姆孙的学生卢瑟福（1871—1937）不认为"葡萄干蛋糕"模型是正确的。他用一束高速的α粒子轰击很薄的金属铂，α粒子遇到铂原子后，会散射到周围的荧光屏上。只需观察荧光屏上的α粒子便可推测出原子内部的样子。

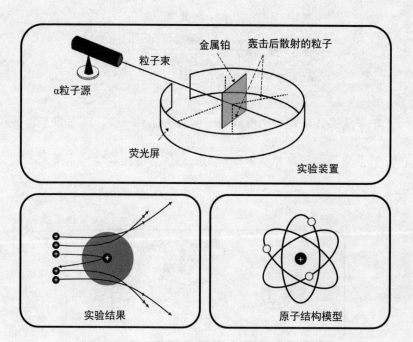

由此可见，原子内部大部分区域是空的，中间有一个带正电的原子核，经过测量，原子核的质量是电子的数千倍，这让人很容易联想到太阳系，其中太阳的质量约占太阳系总质量的99.8%，和原子核十分相似。卢瑟福认为核外电子就像行星绕着太阳转一样，绕着原子核转。因此，卢瑟福建立的原子模型就叫"原子行星模型"。

问题来了，原子核还能不能再分呢？卢瑟福继续用α粒子轰击氮气，得到了新粒子。新粒子后被证实为氢原子核，由于氢是元素周期表中的第一个元素，因此卢瑟福将新粒子命名为"质子"，意为"第一"。质子的发现带来了以下两个新的问题。

第一个问题是质量与电量问题。质子带一个单位正电荷，电子带一个单位负电荷。由于原子是电中性的，所以原子内部的质子数应与电子数相等。此外，因为质子质量约是电子质量的1836倍，所以在计算原子质量时，电子质量可以忽略不计。

如果认为原子核内部仅由质子组成，则在计算比氢重的原子质量时会出现问题。以氦原子为例，氦原子的核外有2个电子，核内有2个质子，质量应该为氢的2倍。但实际上，氦原子的质量是氢的4倍。多余的质量该算到谁的头上呢？

第二个问题来源于元素的化学性质。19世纪初，随着化学科学的发展，元素论与原子论之间的关系也发生了变化，它们之间逐渐形成了类别与个体的关系，因此人们常说"一种元素、一个原子"。元素概念与原子概念是一一对应的。

　　然而，有些元素尽管化学性质相同，原子质量却不相同，导致化学家们在制定元素周期表的时候，不知道该将它们放在什么位置上。1910年，英国化学家索迪（1877—1956）提出了一个新的观点：这些化学性质相同的元素是同一种元素，应当将它们放在元素周期表的同一位置上，简称"同位素"。

　　那么是什么粒子在作祟呢？卢瑟福预言原子核内还存在一种特殊的粒子，这种粒子应该不带电，遇到磁场不会偏转，因此很难在实验中被捕获。它的质量与质子差不多，如果把电子压缩到质子上，就成了这种粒子。

　　1932年，卢瑟福的学生查德威克（1891—1974）用α粒子轰击了硼原子，得到了氮原子和一个只有质量却不带电的粒子。由于不带电（电中性），所以查德威克将这种粒子命名为"中子"。

　　有了中子，原子核质量与带电量不统一问题就迎刃而解了。以氢原子为例，氢是最轻的元素，原子核内只有一个质子。它有两个同位素——氘和氚。氘核含有一个质子和一个中子，而氚核则含有一个质子和两个中子。为了区分这些同位素，通常情况下把只有一个质子的氢称为"氕"。

　　需要说明的是，前文说的"质子质量为 1 个单位"指的是质子的相对原子质量，它是以 ^{12}C（碳 12）的原子质量的 1/12 作为标准的。实际上，质子的相对原子质量约为 1.0073，中子的相对原子质量约为 1.0083。一个质子与一个中子聚变后产生的氘核的相对原子质量约为 2.0141，亏损了约 0.0015 个相对原子质量。根据质能方程 $E = mc^2$，便可计算出亏损的质量所转化的能量值。

3

太阳还能"烧"多久？

　　太阳还能"烧"多久，取决于太阳的质量。现代天文学测量太阳质量的方法有很多，我们仅讨论历史上第一次测量的方法。

地球绕着太阳转，所需要的向心力可以通过以下两种方法进行计算。

一是将地球的公转看成圆周运动，所需要的向心力可以通过公转周期、半径以及地球的质量计算出来。

二是根据万有引力公式，太阳的引力可以通过太阳质量、地球质量和日地距离计算出来。

这两种力是相等的，通过推导便可得出太阳的质量方程。

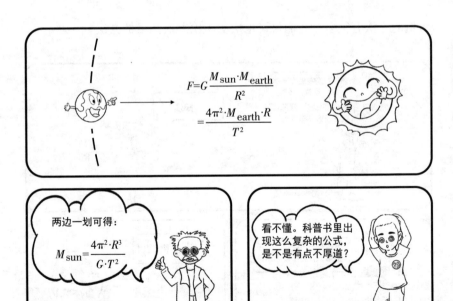

$$F = G\frac{M_{sun} \cdot M_{earth}}{R^2} = \frac{4\pi^2 \cdot M_{earth} \cdot R}{T^2}$$

两边一划可得：

$$M_{sun} = \frac{4\pi^2 \cdot R^3}{G \cdot T^2}$$

看不懂。科普书里出现这么复杂的公式，是不是有点不厚道？

公转周期是1年，公转半径就是太阳和地球之间的距离，在牛顿提出万有引力之前，卡西尼已经通过观测和计算得出了太阳和地球之间的近似距离。算来算去，只剩万有引力常数是未知数了。万有引力常数非常小，小到什么程度呢？假设把数字1比作太平洋的海水，那么万有引力常数就是一碗水。如此小的数值要在实验中测量出来几乎是不可能的，但"科学怪人"卡文迪许（1731—1810）做到了。

牛顿死后，在很长的一段时间内，测量万有引力常数都是热门课题。当时很多科学家采用扭秤来测量这一常数，卡文迪许正是其中之

---

① 卡文迪许虽然出身贵族，但生活相当简朴，并且终身未娶。他的一生都是在实验室和图书馆中度过的，在化学、热学、电学方面进行过许多实验探索。卡文迪许对荣誉看得很轻，是名副其实的"科学怪人"。

一。然而，扭秤旋转的角度太微弱，人们一直没有办法得出精确的数值。据说有一天，卡文迪许在街上闲逛，看到几个小孩子用镜子反射阳光做游戏，即只要用手轻轻一拨，镜子反射的光斑就会移动很大的距离。卡文迪许受到启发，也给扭秤增加了一个反光镜。

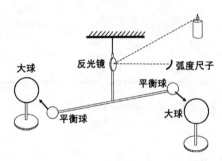

一根平衡杆被细线吊起来，平衡杆两端分别有一个平衡球。若在平衡球旁边放置两个大质量的球体，则平衡杆会因大球的引力而发生扭转，产生微小的角度变化，这一变化通过反光镜放大后，就能测量出来。

表面上看，这个实验并不难，实际上，任何空气流动都会对实验精度产生巨大的影响。卡文迪许将扭秤放到一间密闭的房屋内，只在房顶上开了一个小孔，用望远镜观察弧度尺子上的刻度。经过不懈努力，卡文迪许测量的万有引力常数值公式为 $G = 6.67 \times 10^{-11} N \cdot m^2/kg^2$，并由此计算出太阳的质量约为 1.98×10^{30} 千克。

计算出太阳的质量只是计算太阳寿命的第一步。虽然早在 19 世纪就有科学家估算过太阳的寿命，但当时没有核聚变理论，结果并不准确。准确计算太阳寿命是在核聚变理论非常完善的 20 世纪后半叶。虽然太阳的能量来源于氢原子的核聚变，但并非所有的氢都会转化为能量，只有中心区域（大火炉）里的氢才会聚变。根据复杂的理论计算，中心区域（大火炉）里的氢约占太阳总质量的10%。也就是说，太阳一生会用10%的氢原子来提供能量。这些氢原子质量并非都转化为能量了，而是聚变成了氦。四个氢原子聚变成一个氦，聚变过程中的质量亏损仅约占0.7%，约为1.39×10^{27}千克。

　　太阳每秒释放的能量可以在地球上测量并计算出来，具体的做法如下：测量单位面积内太阳的能量，并乘以以日地距离为半径的球面的面积，就得到了太阳每秒释放的能量。根据质能方程，太阳每秒释放的能量可以折算成质量，约为4.5×10^{9}千克。用太阳一生亏损的总质量除以该质量，就是太阳的寿命，约为3.1×10^{17}秒；再换算成年，约为100亿年。太阳目前的年龄约为46亿岁，因此太阳大概还能"烧"约54亿年。

太阳有多"高"？

要测量太阳的距离，显然找不到那么长的尺子。我们可以做一个

实验，伸出你的一根大拇指，分别用右眼和左眼看它，你会发现它的

位置似乎发生了变化，实际上，大拇指没有移动。这种角度差异是由视觉引起的。两只眼睛和大拇指构成了一个三角形，如果分别测量出左眼和右眼看大拇指时形成的角度，那么就可以根据两眼的距离计算出大拇指到眼睛的距离，这种方法被称为"三角视差法"。

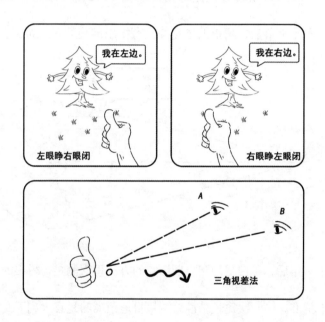

然而，两眼之间的距离太小，测不了太远的距离。例如，当我们用左眼和右眼分别观察月亮时，由于距离太远，角度几乎没有任何差异。怎么办呢？只能增加"两眼"之间的距离。早在公元前2世纪，古希腊天文学家喜帕恰斯（约公元前190—公元前125）就组织队伍跨越地中海，分别在亚洲和欧洲两地同时观测某次月食，在亚洲看到了月偏食，而在欧洲看到了月全食，从而推算出月球所产生的三角视差，并首次计算出月地距离。

日地距离远超月地距离，即使在赤道的两头，"两眼"的距离还是太小。在喜帕恰斯之前，古希腊天文学家阿里斯塔克（公元前315—公元前230）就曾尝试把月亮当成"两只眼睛"来进行测量。由于当时技术非常落后，阿里斯塔克并没有得出准确的日地距离。

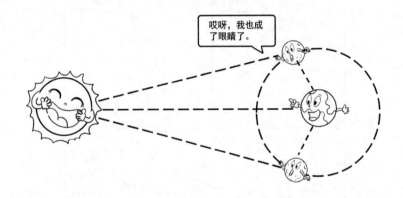

两千多年后，哥白尼用阿里斯塔克的方法再次测量，得出的日地距离仍旧不精准。第一次比较精准地测量日地距离的是意大利天文学家卡西尼（1625—1712）。他和他的同事分别在法国和南美洲观测火星，得出了火星的三角视差，然后根据开普勒第三定律，成功地测量出了日地距离。随着科技的发展，目前最为精确的数值是通过激光在太阳上的反射来测量的，误差在毫米级。日地距离约为1.5亿千米，相当于从北京到上海（1200千米）走了12.5万次。日地距离通常被记为一个天文单位（AU）。

　　只要"两眼"之间的距离足够大，三角视差法就有用武之地。到目前为止，"两眼"最大的距离是地球绕太阳轨道的直径。

　　以某个时间点观测某个恒星，半年后，地球已然到了绕太阳轨道的另一侧，此时再次观测这颗恒星，以远方的星空为背景，便可以确定两次观测的角度差，这个角度差被称为"恒星周年视差"。目前，人类正在探索移居火星的可能性，如果成功了，那么"两眼"之间最大的距离就是火星绕太阳轨道的直径。

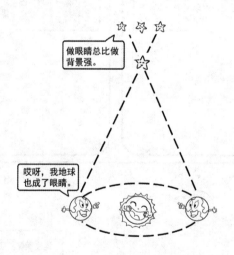

　　表面上看，恒星的周年视差很容易测量，实际上，视差角度非常小。距离太阳最近的恒星是比邻星，它的三角视差仅为1.3″（1°=3600″）。历史上，除太阳外，第一颗被正确测量距离的恒星是天鹅座61，由德国天文学家贝塞尔（1784—1846）测得，其视差值为

0.31″，现在测得的视差值为0.29″，距离地球大约11光年。

#

遥远的恒星到底有多遥远？

恒星闪闪发光，它们的颜色和温度有密切的关系。以太阳为例，它是一颗淡黄色恒星，其表面温度约为5800K。如果在天空中观测到一颗淡黄色恒星，

则意味着它的表面温度和太阳的表面温度差不多。然而，尽管颜色相似，这些恒星看上去亮度却有很大差异，因为亮度还和距离有关。举个例子，晚上站在大街上抬头望去，比星星亮的是月亮，比月亮亮的是路灯，但实际情况并非如此。人眼感知到物体的亮度由两个因素决定：一是物体自身的亮度；二是物体到观察者的距离。**亮度**是一个等级式单位，无量纲。天文学通常采用**光度**来衡量恒星的亮度。

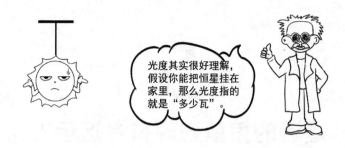

光度其实很好理解，假设你能把恒星挂在家里，那么光度指的就是"多少瓦"。

点燃一支蜡烛，把它的火焰看作一个点光源。当光子从火焰向外扩散时，若距离增加一倍，则相同面积上光子数只有原来的1/4。也就是说，光度与距离的平方成反比。

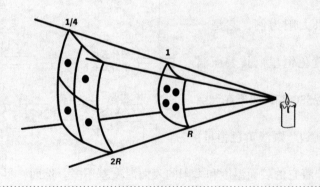

基于这一原理，我们可以先找出100光年范围内各种颜色的恒星，把它们当成"标准烛光"，并测量它们的距离。对于一颗遥远的恒星来说，我们可以观测它的颜色，然后根据颜色找到对应的标准烛光（颜色差不多的恒星）。同时，我们也可以测量这颗遥远恒星单位面积上的光度，这个数值通常比标准烛光的光度要小，通过比较两者之间的差值，可以估算出该恒星的距离。

20世纪初，天文学家们对当时已知的50万颗恒星进行了研究，按照它们的颜色（光谱）进行分类，分成蓝色（O）、蓝白色（B）、白色（A）、黄白色（F）、黄色（G）、橙色（K）和红色（M），后来又进一步细分为10种类型。在此基础上，丹麦天文学家赫茨普龙（1873—1967）和美国天文学家罗素（1877—1957）分别独立地将恒星颜色与光度绘制到一张图上，从而得到了著名

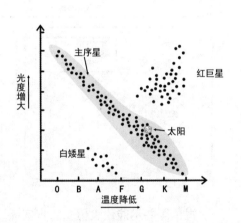

的"赫罗图"。实际上，赫罗图也反映了恒星的绝对星等。

早在古希腊时期，喜帕恰斯就将人类肉眼可见的恒星按照亮度分为6等，其中最亮的为1等，稍暗的为2等、3等，直到肉眼勉强可见的为6等。到了19世纪中叶，英国天文学家赫歇尔（1738—1822）发现人类肉眼感受亮度的强弱遵循对数规律。具体来说，星等相差5等，亮度正好相差100倍。根据这一规律，恒星亮度等级就可以突破1～6等的范围。例如，太阳的星等约为-26.74，这就是"视星等"。

视星等并不能代表恒星的真实亮度，于是天文学家们假想先把所有的恒星都挪到距离地球32.6光年的位置上，然后再衡量它们的星等，这个星等被称为"绝对星等"。在这个设定下，太阳的绝对星等是4.83。

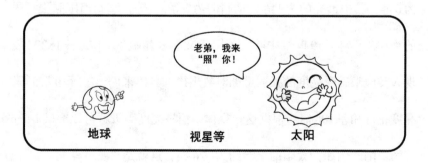

把一颗恒星从一处"拎"到另外一处，就有了两个星等，说明这两个星等之间的换算只与距离有关。若这两个星等是已知的，则距离就可以计算出来了。视星等可以通过技术观测得出，绝对星等可以根据恒星的颜色来判断，从而帮助我们确定恒星的距离。天空中繁星点点，逐一测量实在太麻烦，现代天文学用高灵敏度的感光设备，可以一次测量很多恒星的两个星等，它们的距离也随之确定。

然而，宇宙太庞大，更远的星团或者星系的光经过数十亿年的传播已变得非常暗弱，根本无法判断它们的星等。好在星团或者星系中有一种被称为"造父变星"的恒星。

造父变星的名字来源于一个古老的传说：造父本来是给周穆王驾车的马夫，在一次徐偃王反周的战争中，周穆王乘着造父拉的马车日行千里，大破徐偃王。为了纪念这一功绩，人们将天上的一颗星星命名为造父星，即造父一。造父一是一颗亮度不断变化的恒星，后来人们把类似于造父一的变星统称为"造父变星"。

20世纪初，美国女天文学家勒维特（1868—1921）发现了造父变星的周光关系规律，即造父变星的光变周期越长，光度就越大。

勒维特是哈佛大学天文台的一员，当时的台长正是沙普利。沙普利敏锐地发现可以利用周光关系来测算造父变星的距离。这种方法被称为"造父变星视差法"。在目前的天文学中，大部分星系的距离是采用这种方法测量的，因此造父变星被誉为"量天尺"。

哈勃第一次用造父变星测距时，遇到了一个非常严重的问题，他缺乏一颗距离确定的造父变星，即哈勃没有"标准烛光"作为参考。这是一个从0到1的问题，哈勃只能通过估算来确定第一颗造父变星的距离。不幸的是，结果估算失误，导致他计算出来的宇宙年龄只有20亿岁左右，这比当时地质学家测量的地球的年龄还要小一大截。

20世纪20年代，哈勃在几个大星云中找到了造父变星，由此估算出了它们的距离，得出了宇宙膨胀的结论，进而得出了哈勃关系公式，即 $V = HD$。哈勃关系公式为测量天体（恒星、星团、星系等）距离提供了新的方案，即根据它们的光谱测量出它们的移动速度（V），然后除以哈勃常数（H），即可得到它们的距离（D）。

随着科技的进步和测量方法的丰富，宇宙年龄被确定为约138亿岁。宇宙年龄的倒数正是哈勃常数 H，因此根据哈勃关系公式测量遥远天体的距离是比较精准的。到目前为止，人类测出的最远天体距离地球约134亿光年。天体越遥远，光谱的红移就越显著，由此诞生了一个新的问题：光的红移有极限吗？目前，这个问题还没有明确的答案。

6

怎样"称"一下恒星、星系及宇宙的重量?

测量恒星质量的过程远比测量太阳质量复杂,因为无法根据万有引力公式去测量。好在还有开普勒第三定律。虽然开普勒的第一、第二定律是正确的,但第三定律出现了小的偏差。以地球和火星为例,它的正确公式与太阳质量和自身质量都有关,因为太阳的质量占整个太阳系总质量的99.8%,所以行星的质量被开普勒忽略也是情有可原的。

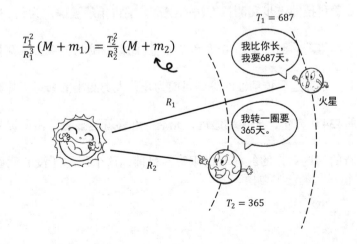

开普勒第三定律同样适用于宇宙中的其他天体。在恒星的世界里，一半以上的恒星都是成对出现的，即一个伴星绕着一颗主星运动，称为"双星"。如果能观测到伴星的轨道和运动周期，就能准确地计算出双星的总质量，再根据两颗星的星轴长度来计算它们的分质量。

对于像太阳那样的"单身汉"，开普勒第三定律则毫无办法，只能根据恒星的光度来推算了。

恒星的颜色主要由表面温度决定，表面的温度又由内部的"大火炉"决定，内部的"大火炉"又取决于恒星的质量。天文学家根据大

量的观测得出了"质光关系"，即光度大约与质量的4次方成正比，由此可以推算出恒星的质量。尽管通过质光关系测量恒星的质量误差比较大，但它依然是目前最优的方案。根据光度推算质量的方法也适用于星系，乃至整个宇宙，其测量的质量被称为"光度质量"。有了质量，就可以根据星系或者宇宙的尺度来估算它们的密度。

此外，还有一种推算星系质量的方法，即将星系中的天体当作一个个气体分子，将整个星系当作一个由气体分子组成的热力系统，再根据星系的几何结构和星系内部恒星运动速度分布，估算出星系的总质量。由于此种方法与引力有关，所以测量出来的质量被称为"引力质量"。令人惊奇的是，许多星系的引力质量比光度质量要大很多，由此科学家们猜测宇宙中含有大量的暗物质（见192页）。

恒星是怎样慢慢"死亡"的？

无论恒星曾经多么光彩夺目，都会有凋零的一刻。下面以太阳为例，来看看太阳的一生。

根据理论计算，太阳的寿命（主序星阶段）约为100亿年，现在差不多快"活"了一半。约50亿年后，太阳将步入生命的暮年，它的

暮年大致可分为以下三个阶段。

（1）约50亿年后，中心区域的氢燃烧殆尽，剩下炉渣氦。在引力的作用下，炉渣氦开始收缩，温度急剧升高，达到上亿开。这个温度足以将炉渣氦点燃，逐渐生成第二层炉渣——碳和氧。整个过程会持续约100万年，相对漫长的恒星寿命来说，100万年似乎是一闪而过的，因此，这一过程常被称为"**氦闪**"。

燃烧的氦炉渣会产生极高的温度，释放巨大的能量，将中心区域外围的氢也点燃。点燃的氢释放巨大的能量，导致太阳外层的壳膨胀。太阳外壳远离中心区域，温度降低，颜色由淡黄色变

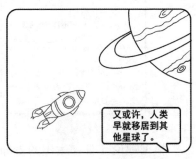

得通红，因此被称为"**红巨星**"。此时红巨星的半径已扩展到足以抵

达现在的金星绕太阳公转的轨道，地球可能到处都是"火焰山"。

（2）约70亿年后，中心区域的氦也燃烧殆尽，生成第二层炉渣——碳。炉渣碳再次收缩，由于"炉子"的质量不够大，引力太小，收缩产生的温度不足以让碳点燃，因此只能燃烧外部还未燃烧的氢和氦。

太阳红巨星的外部继续膨胀，抵达现在的地球绕太阳公转的轨道。由于引力减小，外壳最终被撕碎，消散在茫茫的宇宙中。"脱掉红外衣"的太阳彻底变成了一颗白矮星，质量约为 $0.5M_\odot$，直径仅有12000千米，体积和地球差不多。由于太阳质量减小，因此没有被吞噬的行星大部分都"飞"走了，其中火星虽然也远离了现在的轨道，但继续绕着太阳白矮星转。

（3）太阳白矮星依然发着白色的光芒，它的燃料来源于表面上残留的氢和氦。可能再过100亿年，太阳白矮星将会失去所有的光辉，最终变成一颗黑矮星。

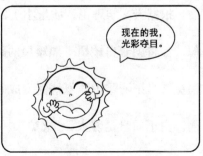

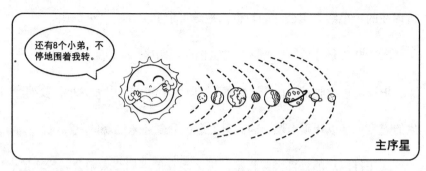

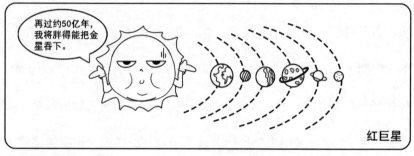

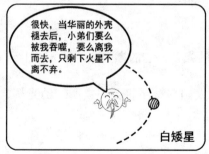

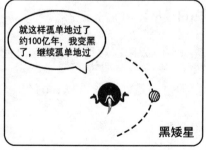

　　根据天文学理论，质量小于$2.3M_\odot$的恒星，其演化方式和太阳类

似，都将朝着**白矮星—黑矮星**的路线演化下去。质量在$2.3\sim8M_\odot$的

恒星，当第一层炉渣氦烧完变成碳和氧后，内部的"火炉"会急速坍

缩。由于质量足够大，"火炉"中心的引力会导致第二层炉渣中的碳

再次燃烧，生成其他元素。由于中心的温度很高，所以燃烧比氦闪还要猛烈，仅需要600年即可完成，这一过程被称为**"碳闪"**。

在碳闪的同时，恒星的外部不断膨胀。由于温度比太阳红巨星高，因此其看上去并非红色，而是黄白色，不过天文学界依然习惯性地称之为红巨星。碳闪会释放出巨大的能量，足以让恒星外壳发生爆炸，只剩下中间的炉渣。此时，内部的引力不足以让炉渣继续坍缩，因此无法点燃比碳更重的元素。剩下的炉渣（中心部分）依然属于白矮星，将在约100亿年后变成黑矮星。

当恒星的质量超过$8M_\odot$时，内部的氢燃烧生成氦，留在炉子的中心区域。由于温度极高，这些炉渣无须收缩（氦闪）就能被点燃，相当于在氢炉子的中心形成个小氦炉。小氦炉的炉渣是碳和氧，等到碳和氧达到一定质量时，小氦炉中又会形成一个小碳炉……以此类推，直至生成炉渣铁。

此时，恒星的内部就像一颗巨大无比的洋葱，一层又一层，而其外部不断膨胀，变成红超巨

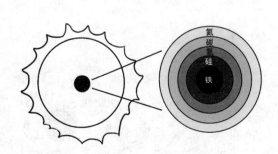

星。红超巨星十分庞大，如果把它放到太阳的位置，那么它足以将木

星甚至土星都吞到"肚子里"。

铁炉渣中心的温度超过40亿开，产生了大量的高能光子。这些高能光子可以穿透炉子**最中心区域**的铁原子核，将其冲散成氦核以及中子。然而，新形成的氦核又被光子冲散，形成中子和质子。质子在诞生的瞬间捕获电子，但还没有来得及形成氢原子，就被强大的压力压到一起，变成了中子和中微子。中微子速度极快且不带电，无法被恒星困住，会逃逸到宇宙中。就这样，整个铁炉渣的中心就成了中子的家园。

根据质能关系，中微子逃逸时会带走大量的能量，导致铁炉渣的中心急剧坍缩。整个过程非常迅速，被称为"暴缩"。外围的"洋葱炉"还没有接到"通知"，就突然失去了中心的支撑力，于是所有外围的炉渣被撕裂成巨大的"陨石"，像炮弹一样砸向中子核，但中子核是不"吸收"它们的，又将它们通通反弹回来。反弹回来的"陨石"与正在砸向中子核的"陨石"相撞，形成强大的冲击波。

冲击波不断累积，又会形成强大的能量团。当能量达到一定程度时，整个恒星就会爆炸，这一过程被称为"超新星爆发"。超新星爆发虽然非常短暂，仅有几年的时间，但释放的能量超过太阳整个生命周期所释放能量的100倍，同时产生极高的温度，将"洋葱炉"中的其他元素再次点燃，生成更重的元素，如银、金等。

超新星爆发后，外部的物质会消散在宇宙中，成为下一代恒星或者行星的原始材料；而中心的核会继续保留下来，形成中子星或者黑洞。

从太阳的光谱可以看出，太阳上含有大量的比铁还重的元素，这表明太阳很可能是在某个超新星爆发后形成的。大约在50亿年前，现在的太阳系内飘浮着大量某个超新星的遗留物质。这些遗留物质和大量氢、氦结合，形成星云，星云在引力作用下，不断聚集，最终被点燃，形成强大的冲击波，把其他遗留物质冲得远远的。遗留物质有大有小，小的被冲到了现在的小行星带，而大的则相互撞击，逐渐形成球体，也就是太阳系内的岩质星球。

地球上比铁更重的元素同样来自超新星爆发。由于铁以及比铁轻的元素都是燃烧得到的，因此含量非常丰富；而比铁重的元素如银、金等，都是在超新星爆发时产生的，因此含量比较少。这种稀有性使得金银等贵金属自古以来就备受珍视。尽管人类一直梦想通过炼金术等手段制造贵金属，但目前的科技水平还无法实现这一梦想。要想获得更多的金银等贵金属，或许只能寄希望于在宇宙中发现富含这些元素的行星。然而，当这些贵金属在宇宙中变得普遍时，它们也可能会像铜铁一样变得不再那么珍贵。

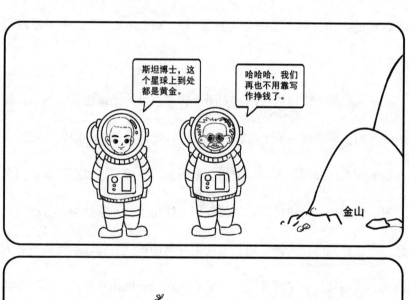

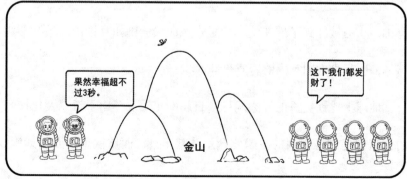

为什么恒星"死亡"后，
会变成白矮星、中子星和黑洞？

当我们在压缩一团气体时，压着压着就很难再压缩了，因为气体
分子之间的斥力会随着距离的减小而增大。

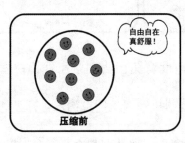

白矮星密度非常高，引力很大，会拉着原子向中心聚拢。但是，
白矮星上的原子是"不情愿的"，它们会以各种方式抵抗引力，从而
避免简单的合并，因此这种力被称为**"简并力"**。

可以用电子的泡利不相容原理来解释阻止白矮星继续坍缩的简并

力。原子由原子核和核外电子组成。1925年，奥地利物理学家泡利（1900—1958）发现在一个原子内部，不存在两个或者两个以上的电子处于同样的状态。简而言之，原子内部的电子就像一个个萝卜，而电子处于的状态就像一个个萝卜坑。原本萝卜坑是大于萝卜的，但当恒星演变到白矮星时，强大的引力会将电子压缩至"一个萝卜一个坑"的状态，此时原子不能再被压缩了，否则就会违背泡利不相容原理。

压缩前，坑大于萝卜　　　　　　压缩后，一个萝卜一个坑

　　首次提出电子简并极限的是印度裔美国物理学家钱德拉塞卡（1910—1995）。1928年，年轻的钱德拉塞卡从印度出发，打算到英国向久负盛名的爱丁顿拜师。在路途中，他从泡利不相容原理出发，计算出了白矮星的质量极限，约为 $1.44 M_\odot$。这个极限被称为"钱德拉塞卡极限"。值得注意的是，$1.44 M_\odot$ 指的是白矮星的极限质量，太阳变成白矮星后，质量约为现在质量的50%，即 $0.5 M_\odot$。

在爱丁顿看来，如果引力大于电子的简并力，就会继续坍缩下去，那么坍缩到什么时候为止呢？难道一直坍缩下去，成为奇点（见130页）？

当时正值量子力学发展的高峰期，很多科学家都在研究量子物理，而对地球之外的庞然大物似乎不太感兴趣。在这种情况下，只有泡利站出来支持钱德拉塞卡。他幽默地说："钱德拉塞卡的理论并没有违背泡利不相容原理，而是违背了爱丁顿不相容原理。"由于得不到众人支持，钱德拉塞卡只好去了美国。事实胜于雄辩，20世纪60年代，天文学家们在浩渺无垠的宇宙中找到了白矮星。

实际上，第一颗被确认的白矮星早已被天文学家观测到了，它就是天狼星的伴星。白矮星虽然温度很高，但是"个子太小"，辐射的能量不大，因此难以被发现。长期以来，天文学家根据天狼星的运动轨迹推测，它应该有一个质量不小的伴星，正是这个伴星让天狼星在夜空中的位置发生了周期性地改变。1917年，天文学家终于拍到了这个伴星的光谱，但当时人们并不知道它属于白矮星，直到20世纪60年代才得到证实。

到目前为止，天文学家们已经发现了1000多颗白矮星，但尚未发现黑矮星，因为白矮星演变到黑矮星大约需要100亿年的时间。把主序星演化到白矮星的时间加上，很明显超过了宇宙的年龄。

当引力突破了电子简并极限时，原子壳层就会被挤碎，电子就会被挤到原子核内。电子与质子结合变成中子和中微子，中微子不带电且速度极快，很难被引力束缚，因此仅留下中子，形成中子星。最早提出中子星概念的是苏联物理学家朗道（1908—1968）。1932年，当查德威克发现中子的消息传到丹麦后，量子力学的领军人玻尔（1885—1962）组织了一次会议，邀请当时世界上最聪明的科学家交流对新粒子的看法，其中就有朗道。

中子也有简并力，会阻止中子星进一步坍缩。1939年，被誉为"原子弹之父"的奥本海默（1904—1967）从中子的不相容原理出发，提出了中子星质量的极限，这一极限被称为"奥本海默极限"。

中子星的质量上限不像白矮星那么明确，大致为 $2\sim3M_\odot$，$M_\odot$ 表示太阳质量。当时正值第二次世界大战，有关中子星的理论并未引起人们足够的重视，也没有人像寻找天狼伴星那样刻意寻找它，它的发现纯属偶然。

1967年，英国剑桥大学的休伊什（1924—2021）和他的学生乔瑟琳·贝尔（1943—　　）架设了大型的微波射电望远镜，其目的是观测地球大气的电离层。乔瑟琳·贝尔负责观测，她敏锐地从观测数据中发现了一种时有时无的脉冲信号。当时关于外星人的科幻小说在英国很流行，因此，起初她和休伊什都误以为是外星人发来的信号，但经过仔细分析，他们确认这是一种脉冲星发出的信号。

脉冲星是什么？当一颗恒星从庞大的星体被压缩成半径仅有几千米的中子星时，由于角动量守恒，它的自转速度会急剧加速。同样地，虽然恒星的磁场看上去很微弱，但把庞大的弱磁场压缩到中子星身上时，就变成了强大的磁场。高速旋转的磁场看上去就是脉冲信号。

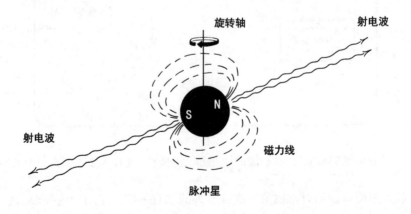

如果引力超过中子的简并力，中子星就会继续坍缩，最终形成黑洞。根据理论计算，质量小于$8M_\odot$的热恒星，它最终会演变成白矮星；

质量介于 $8\sim25M_\odot$ 的热恒星，会演变成中子星；质量大于 $25M_\odot$ 的热恒星，最终会演变成黑洞。

泡利不相容原理

卢瑟福通过实验得出了原子行星模型，即原子中心有一个核，外部的电子绕着这个核转动。然而，卢瑟福似乎忘记了电子是带电的。

根据经典电磁理论，带电粒子在运动时会向外辐射电磁波（能量），即原子内部的能量会越来越少，这与物质原子是稳定的相矛盾。

这个时候玻尔站了出来，他巧妙地将元素的光谱（见36页）与普朗克提出的量子论结合起来（见48页），建立了新的量子化轨道模型。在该模型里，电子不能"到处跑"，而是只能在**特定的轨道**上绕核旋转。特定的轨道有很多层，最内层为基态层，外层都为激发态层。层级越高，处于该层的电子的能量就越高。

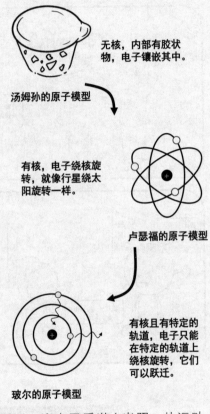

无核，内部有胶状物，电子镶嵌其中。

汤姆孙的原子模型

有核，电子绕核旋转，就像行星绕太阳旋转一样。

卢瑟福的原子模型

有核且有特定的轨道，电子只能在特定的轨道上绕核旋转，它们可以跃迁。

玻尔的原子模型

电子可以在不同的层级进行跃迁。当电子受激（光照、热运动等）后，吸收了特定能量，就会向更高能级的激发态跃迁。然而，处在激发态的电子是不稳定的，"总想着"回到基态，于是会释放出特定频率的光子（能量），然后"心安理得"地回到基态。

当电子向外跃迁时，会吸收特定频率的光。该频率的光被吸收，元素吸收光谱上就会出现一条暗线。同样，当电子向内跃迁时，会释放特定频率的光，元素发射光谱上就会出现一条明线。对于不同的元素来说，电子的跃迁所需要的能量不同，因此暗线和明线的位置也不同。

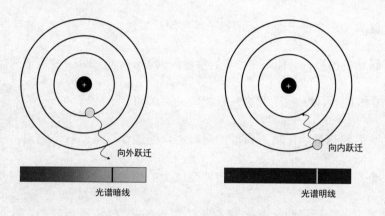

向外跃迁

光谱暗线

向内跃迁

光谱明线

物体由无数分子和原子组成，分子和原子一直在做热运动——除非把它的温度降到绝对零度（见203页）。分子和原子的热运动会让内部电子的跃迁不断发生，因此，可以说任何物体都在不断地辐射电磁波和吸收电磁波。

电子有了层级，就有了最外层。最外层的电子往往比较活跃，会与其他元素的原子组成化学键。因此，元素的化学性质是由最外层的电子决定的。金属元素的最外层的电子更活跃，就像气体分子一样，在金属内部到处"溜达"，这正是金属的导电能力比较强的原因。

电子的特定轨道用整数 n 表示，n 被称为"轨道量子数"。电子在特定的轨道上绕核旋转，会有角动量。电子的角动量也是量子化的，被称为"角量子数"，用 l 表示。电子是带电的，它绕核旋转会产生磁矩，磁矩也是量子化的，被称为"磁量子数"，用 m 表示。如此就有了三个量子数。所谓量子数，简单来说，就是整数。n 作为电子跃迁的层级，只能取大于0的整数。假设 $n = 2$，那么 l 的取值只能为0和1；假设 $l = 1$，那么 m 只能取 -1、0、1。

泡利在量子化轨道模型的基础上，通过计算得出一个结论：在一个原子中，不存在两个或者两个以上的电子处于同一状态。简单来说，一个原子中，最多只有两个电子的 n、l、m 是相同的。这就是著名的泡利不相容原理。

能不能再找一个量子数，让电子独一无二，而不是"最多只有两个"。

你还别说，确实有人提出过这样的问题。

　　泡利在提出不相容原理后不久，就收到了美国物理学家克罗尼格的来信。在信中克罗尼格提出了一个大胆的假设，他认为应该存在第四个量子数，让一个原子中的电子状态独一无二。第四个量子数来自哪里呢？克罗尼格类比行星的自转，想到了电子的自旋。然而，泡利明确反对电子的自旋，在他看来，发展量子物理必须彻底抛开经典物理。实际上，量子轨道还有很多与经典物理相违背的问题没有解决，比如电子只要运动就会辐射电磁波，也就无法保证原子的稳定性。这些矛盾虽然存在，但是在当时被忽视了。因此，克罗尼格见泡利如此坚决，也就放弃了电子自旋的想法。

　　当时的物理学有一个问题令人非常头疼，叫作"反常塞曼效应"。塞曼效应是指在原子上加一个强磁场，它的发射谱线会分裂为三条，且分裂后的间隔相等。反常塞曼效应是指当外部的磁场减弱时，元素的发射谱线会分裂成更多条——有奇数，也有偶数，且间隔不相等。塞曼（1865—1943）是洛伦兹的学生，他发现塞曼效应时，量子物理学还没有建立。洛伦兹根据经典电磁学的相关理论解释了塞曼效应。然而，经典电磁学无法解释反常塞曼效应。

　　当谱线分裂成奇数条时，用量子化轨道模型尚可勉强解释，因为磁量子数 m 的取值数量正好为奇数，如当 $l=1$ 时，m 取值为 -1、0、

1，每个值可以与分裂的谱线对应。可是，当谱线分裂成偶数条时，又该把电磁作用归到谁的头上呢？荷兰物理学家埃伦费斯特（1880—1933）的两位学生乌伦贝克（1900—1988）和高斯密特（1902—1978）在对克罗尼格的工作毫不知情的情况下，也想到了电子的自旋。电子的自旋只有两个取值，即±1/2（半量子数）。

埃伦费斯特觉得他们的想法非常重要，建议他们写成论文发表。然而，乌伦贝克和高斯密特对电子的自旋没有信心，只草草写了一篇论文，就去求教德高望重的洛伦兹了。洛伦兹经过一周的计算发现，如果电子靠自旋来满足反常塞曼效应的实验要求，那么电子表面的旋转速度会达到光速的10倍。乌伦贝克和高斯密特对犯了如此愚蠢的错误感到羞愧不已，连忙联系杂志社，要求撤回论文，但已经来不及了。就这样，电子自旋理论在误打误撞中问世了。

没想到，电子自旋理论一经问世，便得到了玻尔的高度赞扬。作为量子力学的先驱，玻尔深刻认识到，要想用量子物理来解决问题，就必须抛开经典物理的思维。洛伦兹将电子自旋置于经典物理之下，才会得出自旋速度超过光速的错误结论。实际上，电子自旋与行星的自转只是类比关系，它们之间有很多的差异，比如行星绕轴朝着一个方向转，转一圈就回到了原来的位置，以此算来，行星的自转数是1。行星自转数不是量子化的，即行星可以面向0～360°的任何方向。而电子自旋完全不一样，它的自旋量子数是±1/2。按照经典物理的理解，电子要旋转720°才能回到原来的位置，是不是有些匪夷所思？然而，更匪夷所思的是，电子自旋是量子化的，它的朝向只有两个方向，假设一面朝着原子核，则其瞬间（时间为0）转2圈，还朝向原子核。

一言以蔽之，"自旋"只是一个形容词，并非电子真的如行星一样旋转。用经典物理来强行解释电子的自旋，本身就是错误的。

9

黑洞就是黑色的"洞"吗？

"黑洞"一词是由美国物理学家惠勒（1911—2008）于1968年

提出的。**在此之前，人们称之为"暗星"或者"黑星"。**早在18世纪末，天文学家就提出了黑洞的猜想。当时盛行光的微粒说，即认为光是一种圆圆的粒子。如果某个天体的质量足够大，大到能把本来要发射出去的光粒子都拉回来，那么从外面看去，它就是黑的。法国物理学家拉普拉斯（1749—1827）曾根据万有引力定律推算出了黑洞的质量下限，但受限于当时的技术条件，研究黑洞的时机并不成熟。

1915年，爱因斯坦创立了广义相对论，"万有引力"摇身一变，成了"时空弯曲"。时空弯曲是由质量引起的，质量越大，时空就越弯曲。光在弯曲的时空中也会拐弯，当时空弯曲达到某个临界点时，光就像咬自己尾巴的小狗一样，不停地"打转转"。从外面看，这个空间就是漆黑一片，也就是黑洞。

广义相对论发表后，德国天文学家史瓦西（1873—1916）计算出了时空弯曲成为黑洞的临界半径，这一半径被称为"史瓦西半径"。根据史瓦西的计算，地球要想成为黑洞，半径必须被压缩到仅9毫米；太阳要想成为黑洞，半径必须被压缩到约3000米。

爱因斯坦对史瓦西的工作赞不绝口，但当时大多数天文学家，包括爱因斯坦，都认为史瓦西半径仅是理论上的推导，或者说仅是一种数学游戏，因为落在史瓦西半径内的物质会不断地坍缩下去，最终坍缩成一个体积无限小、密度无限大的点。这个点被称为"奇异点"，简称"奇点"。

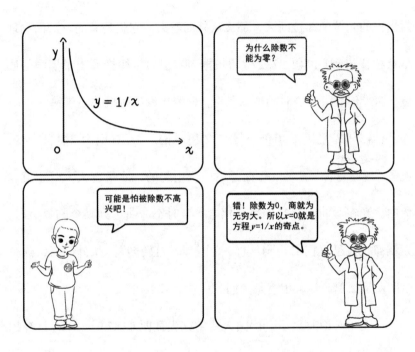

奇点并不受物理学家们"待见"，爱丁顿和爱因斯坦正是因为讨厌奇点，才否定了钱德拉塞卡的工作。面对黑洞问题，这两位老友依然保持着高度一致的态度。爱丁顿认为必定存在一条人类尚未知晓的定律，来阻止恒星坍缩成黑洞这种荒唐的行为，可是结果令他失望了，钱德拉塞卡极限阻止了白矮星的坍缩，奥本海默极限阻止了中子星的坍缩，越过奥本海默极限的冷恒星（没有热核反应）必然会坍缩成黑洞，整个过程极其短暂，甚至不会超过1秒。

广义相对论

根据伽利略的相对运动原理，任何速度都是相对的。然而，从当时的实验和麦克斯韦的推导来看，光速是不变的，为此爱因斯坦提出了狭义相对论。狭义相对论探讨的是惯性运动（相对静止或者匀速直线运动），加速运动则不在它的"管辖范围"。举个例子，假设你在水平方向上加速离我而去，以我为参照物，你是加速前进的；但反过来却不能说，在你看来，我是加速后退的，因为我在水平方向上并没有受力。没有力，哪来的加速度呢？

此外，万有引力定律存在着许多矛盾。以地球为例，地球绕着

太阳转,是因为受到了太阳的引力。那么太阳怎么知道地球的位置而去吸引它呢?再者,从万有引力公式来看,假设有人把太阳偷走(乘数为0),地球受到太阳的引力瞬间变为0(积为0),这种变化显然超越了光速。

为了解决这些问题,科学家们引入了"场"的概念。什么是场?仍以太阳吸引地球为例,太阳就像渔夫,地球就像一条鱼,万有引力认为渔夫在钓鱼,而场理论认为渔夫在捕鱼。也就是说,太阳存在强大的引力场,迫使地球绕着它转。场的变化是以光速进行的,假设把太阳偷走,地球将在大约8分钟后才能感知到。

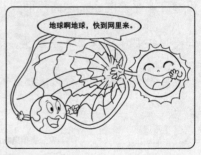

爱因斯坦要做的第一件事就是将加速运动和引力场结合起来,为此他想到了两个关键的思维实验。

假设把一个人放在封闭的电梯里,剪断电梯绳索,那么电梯开始作自由落体运动,人也处于失重状态;把他放到没有任何引力的

外太空，他也会处于失重状态。也就是说，由于他对外界一无所知，

因此弄不清自己在自由落体还是处于外太空中。

假设把这个人放到封闭的电梯里，再将电梯置于没有引力的外

太空。电梯加速向上，他必然感受到来自地板的支撑力。如果支撑

力等于他在某个星球上的重力，由于对外界一无所知，那么他将不

知道自己是在电梯里向上加速，还是站在某个星球上。

　　这两个实验说明引力与加速度可以等效，这就是著名的"等效原理"。既然两者可以等效，那么任何加速运动都可以看成在引力场中的运动。

　　如何建立物体在引力场中的运动方程呢？再来做一个思维实验，假设你从山上向山下扔石头，石头能飞多远取决于它的初始速度。初始速度越大，石头飞得越远，但是无论多远，其轨迹都是一条抛物线——一种几何图形。因此，小石头的运动完全可以看成在引力场中的**几何运动**。这样一来，地球的引力就消失了，取而代之的是时空弯曲。物体在弯曲的时空中，会沿着它最喜欢的路线运动，正如在惯性系（平直时空）中，物体总是保持静止或者匀速直线运动（几何图形）。

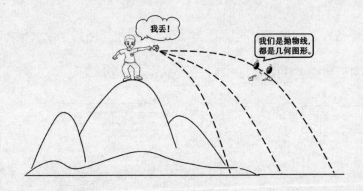

　　时空为什么会弯曲呢？因为有物质（能量）存在。举一个简单的例子，一张有弹性的网，在没有任何力的作用下，它是平直的；在网上面放一个保龄球，网中间就会弯曲。这里，平直的网代表平直的时空，弯曲的网代表弯曲的时空。将这一概念引申至太阳系，就可以这样理解地球绕着太阳转的原因：原本时空是平直的，大质量的太阳将时空变得弯曲，而地球就是沿着一条"最舒服"的路线绕太阳旋转。当然，地球也使时空弯曲，因此月亮才会绕着它旋转。

光线在弯曲的时空中也是弯曲的。例如，恒星的光线经过太阳后，会发生偏转，这一点早在1919年的日全食时就被爱丁顿验证了。既然弯曲时空迫使光线弯曲，那么在弯曲的时空

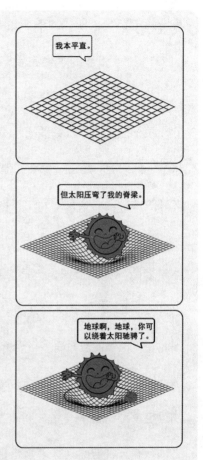

中，光线传播所需的时间比平直时空中所需的时间要长。换句话说，弯曲时空的时钟会比平直时空中的时钟走得慢。早在20世纪60年代，科学家们就证实了高山上的时钟走得比地面上的要快。

质量（能量）越大，时空就越弯曲，在黑洞的视界，所有物质都会坍缩至一个点，这就形成了时空的奇点。爱因斯坦正是因为**担**

心奇点的出现，所以对黑洞的存在持怀疑态度，但物理学家彭罗斯（1931— ）和他的学生霍金（1942—2018）通过数学证明了时空奇点是广义相对论的必然结果。

关于时空奇点，彭罗斯也有自己的担心。黑洞一直处于极速旋转状态，如果旋转超过某个临界值，则视界会因惯性离心力而无法形成，这样的话，奇点就会因无视界保护而裸露在外面，即"裸奇点"。

裸奇点有多可恶呢？我们知道，人类辛辛苦苦建立的物理定律在黑洞内部并不适用，但是好在有视界保护着。换句话说，黑洞里面是一个世界，黑洞外面是另一个世界，它们遵守着不同的物理定律。因此，无论黑洞里面有多么恐怖，都丝毫不影响黑洞外面的美好生活。然而，没有视界保护的裸奇点就像黑洞里面跑出来的"怪兽"，一切物理定律都要重新改写。为了让裸奇点不"危害人间"，彭罗斯认为，必须存在一种自然规律来禁止裸奇点的出现，这就是"宇宙监督"。

历史总是惊人的相似，爱丁顿讨厌奇点，寄希望于某个自然规律；彭罗斯不喜欢裸奇点，也寄希望于某个自然规律。爱丁顿的希望破灭了，因为黑洞是存在的，所以奇点肯定存在。宇宙演化至今，除大爆炸时的奇点是裸奇点外，人们还没有发现任何一个裸奇点，因此宇宙监督说只是一个假说。

10

黑洞里面是什么样子的？

尽管人们无法进入黑洞内部，但是黑洞视界内的一些特性还是可以推断出来的。

（1）**潮汐引力**。潮汐引力指的是引力之差。例如，一个人站在地球上，头部受到的引力比脚部要小，但由于地球质量比较小，所以人完全感觉不到这种引力差。假设人站在黑洞视界边缘，强大的潮汐引力会把人撕碎。

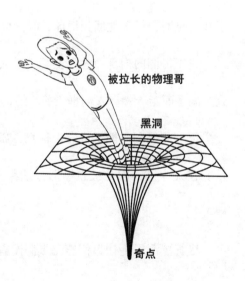

被拉长的物理哥

黑洞

奇点

（2）**时空维度**。我们生活在四维的时空中。四维的时空指的是一维的时间和三维的空间。时间维度和空间维度不同，它只能向前，不能向后、向左或向右。但是在黑洞内部，四维时空被破坏了，一切只有一个目标——走向奇点，因此黑洞内部的时空维度实际上是一维的。

（3）**时间终结**。黑洞内部被认为没有时间存在，因此人们常说："时间起源于宇宙大爆炸，而终结于黑洞。"需要注意的是，宇宙大爆炸是整个宇宙时间的起源，而黑洞终结的仅仅是视界内的时间，视界外围的时间仍在继续，但由于时空高度弯曲，视界外围的时间也会高度膨胀。假设一个人乘宇宙飞船去黑洞周围旅游了一趟，他以为只花了几天时间，但等他回到地球，时间可能已经过了几百年了。

关于黑洞的内部特性，实际上，人们并不关心，因为没有人打算到黑洞里面走一圈。人们真正关心的是黑洞的外部特征。从外面观察，一个单一的黑洞只能提供三个信息：质量、电荷量和角动量。这三个量实在太少了，因此被惠勒形象地称为"黑洞无毛"或"黑洞只有三根毛"。

尽管黑洞无毛让人们感觉黑洞没有什么可以研究的，但霍金和彭罗斯似乎有其他想法。

霍金认为，黑洞并非总是"一毛不拔"，它也会向外蒸发。这一观点是基于人们对真空的认识。在日常生活中，我们把真空理解为没有空气，但量子场论认为，真空并非真正的虚空，真空中也有能量上的差异，有能量差异就会不断产生新的正负粒子对，正负粒子对又很快湮灭成光子（见191页）。由于时间极短，正负粒子对很难被探测到，因此正负粒子对又被称为"虚粒子对"。虚粒子对已经在实验室中得到了证实。

我是"轮椅之王"！
哦，措辞不对。
我是坐在轮椅上的"宇宙之王"！

霍金（1942—2018）
英国理论物理学家，数学家。

●1963年，因为患有肌肉萎缩性侧索硬化症导致全身瘫痪，无法说话，全身能动的地方只有2只眼睛和3根手指。

●1988年，创作完成《时间简史——从大爆炸到黑洞》。

●2002年入选英国广播电台"最伟大的100名英国人"第25名。

●物理理论：证明黑洞奇点、黑洞不黑、时光机理论、时间有缝隙、飞船能去"未来"等。

●2018年3月14日在剑桥逝世，享年76岁。

在霍金看来，黑洞周围的空间也有虚粒子对的诞生和湮灭。如果虚粒子对没有及时湮灭，它们会有以下三种情况。

（1）双双落入黑洞，黑洞的能量保持不变。

（2）正粒子落入黑洞而负粒子逃逸，由于正粒子代表正能量，负粒子代表负能量，所以黑洞的能量不断增加。

（3）负粒子落入黑洞而正粒子逃逸，黑洞的能量不断减少。

霍金推测，第三种情况发生的概率较大，因此黑洞的能量也会蒸发。霍金认为，质量越大，蒸发越慢；质量越小，蒸发越快。一个相对较小的黑洞，可能在100亿年的时间内就蒸发完了。

除黑洞自发地蒸发外，彭罗斯认为还可以"虎口拔牙"。物质在进入黑洞视界内之前会被黑洞带着一起旋转，未进入视界内也有可能会逃离黑洞。物体逃离会带走黑洞的能量，长此以往，黑洞可能会不再旋转，只剩"两根毛"了。然而，如何拔了"老虎的牙齿"还能顺利"脱身"（逃离黑洞）？彭罗斯并没有给出答案。

11

黑洞那么黑，怎样才能找到黑洞？

即使在奥本海默提出恒星演化成中子星的极限后，人们对寻找黑洞的热情依然不高，直到1967年中子星的发现，人们才意识到黑洞是恒星演化的最后一块拼图，于是开始积极地在宇宙中寻找黑洞。然而，黑洞如此之黑，寻找黑洞就像在煤堆上寻找乌鸦一样困难。尽管如此，天文学家们还是想出了以下几种寻找黑洞的方案。

（1）引力透镜效应。这个方法源自爱因斯坦在广义相对论建立之初提出的理论。然而，爱因斯坦并不是为了寻找黑洞，而是为了证明弯曲的时空中光线是弯曲的。当恒星光经过一个大质量天体时，会发生弯曲，在地球上就会看到多个这样的恒星，这就是"引力透镜效应"。如果在天空中发现两个或者多个相同的天体，那么极有可能是引力透镜效应导致的，如果中间没有任何可以观测的物质，那么很可能是黑洞或暗物质。

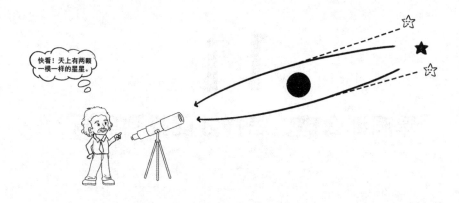

（2）黑洞的吞噬效应。黑洞贪婪无比，能吞噬一切到达视界范围内的物质。物质接近视界边缘时，会产生极高的旋转速度。高速旋转的物质相互摩擦会产生极高的温度，在外围形成吸积盘和喷流，成为宇宙中非常明亮的天体。天文学家们最早就是根据吸积盘来判断黑洞是否存在的。

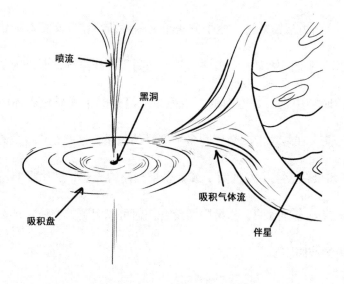

（3）引力波探测。两个黑洞合并时，形成强大的引力波。通过对引力波的测量也可以找到黑洞。先来说说什么是引力波。向平静的湖面扔一块小石头，湖面会掀起一层涟漪——水波。把平静的湖面换成平静的时空，天体的运动也会掀起一层时空涟漪——引力波。

湖面涟漪——水波

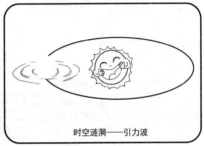

时空涟漪——引力波

引力波和光波（电磁波）类似，无须介质传输，且波速等于光速。然而，引力波极其微弱，地球绕着太阳运动，每秒产生的引力波能量大约相当于一顿午餐所含热量的1/1000，因此很难在宇宙中找到引力波。从爱因斯坦建立广义相对论（1915年）算起，人类用了100年（2015年）才找到了引力波。

关于引力波，早在1916年爱因斯坦就预言了它的存在，但爱因斯坦对在宇宙中找到引力波没有信心。第一次找到引力波存在的证据是在1974年，当时美国天文学家赫尔斯（1950—　）和泰勒（1941—　）在宇宙中发现了一个脉冲双星系统，它由两颗半径只有几十千米、质量和太阳相当、相距和月地距离差不多的脉冲星（中子星）组成。这两颗脉冲星围着对方相互高速旋转，掀起的时空涟漪（引力波）强度比较大。然而，即便如此，依然没有办法在地球上测量到。赫尔斯和泰勒对它们观察了十几年，发现它们之间的距离和旋转周期都在不断减小，这说明双星系统的能量正在不断减少，而减少的能量正是以引力波的形式向外辐射的。

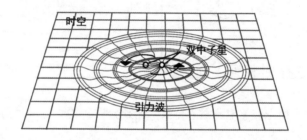

首次在实验中找到引力波是在2015年。20世纪80年代中期，美国开始筹建一个专门寻找引力波的天文台——激光干涉引力波天文台。它的工作原理和一个多世纪前科学家寻找以太相似，但它不是让引力波直接发生干涉，而是利用光波的干涉来间接探测引力波。

该天文台利用两束相互垂直的激光，在反光镜之间来来回回达50次。在无强引力波时，激光的光程是一样的；在强引力波到来时，时空发生变化，两束激光的光程会产生差异，从而发生干涉。

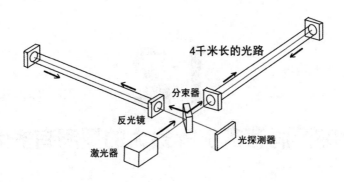

根据计算，2015年探测到的引力波是由距离地球13亿光年的两个黑洞合并产生的，两个黑洞分别重$36M_\odot$和$29M_\odot$，合并后总质量为$62M_\odot$，少掉的$3M_\odot$物质转化为引力波的能量，辐射到宇宙中了。

12

最小的黑洞有多小？最大的黑洞有多大？

根据天文理论计算，一颗恒星坍缩成黑洞的质量一般在几 $M_\odot$ 到几十 $M_\odot$，不会太大，但这样的黑洞在宇宙中很难被发现。有些黑洞形成时期非常早，经过几亿年甚至几十亿年的"强取豪夺"，质量远超形成之初。到目前为止，人类在宇宙中观测到的最小黑洞的质量约为太阳质量的3.8倍；而最大黑洞的质量约为太阳质量的660亿倍。

根据广义相对论的推算，黑洞在理论上没有质量上限和下限，它可以小到仅质子般大小，也可以大到超过整个太阳系。值得一提的是，质子般大小的黑洞仅在理论上成立，因为谁也没有办法将珠穆朗玛峰般重的高山"塞"到一个质子里。实际上，黑洞的大小与其密度有关联，质量越小，密度就越大。如果把太阳压缩成黑洞，它的密度约为水的 2×10^{17} 倍；而一个质量为20万 $M_\odot$ 的黑洞，其密度约为水的 2×10^{4}

倍；如果银河系成为黑洞，它的密度和水相差无几；如果整个宇宙成

为黑洞，它的密度将比现在的宇宙密度还要低。也就是说，目前可观

测的宇宙不需要压缩就可以成为黑洞，于是有一种观点认为，**宇宙就**

是一个黑洞。

造谣，造谣，我不就是长得黑了一点嘛！

　　这种将宇宙视为黑洞的想法是错误的，因为宇宙不是像桌椅板凳

那样的实物，而是时空的高度概括。凡是我们能看到的及理解到的一

切都在宇宙之内，因此根本就不存在"宇宙之外"这种说法，也就不

存在"光无法逃逸到宇宙之外"的问题。至于"宇宙之外的宇宙"，这

仅仅是人们的猜想，它和目前所观测到的现象**不存在因果关系**。另外，

黑洞内部被认为是一维的，所有的物质要么落入了奇点，要么就是在

落入奇点的路上，而我们则生活在四维时空的宇宙中。

附录 2

奇怪的问题又来了

问1

如果太阳、月亮突然消失了，地球会变成什么样子？

▶ **答：** 假设太阳在瞬间消失，大约8分钟后，地球上的人才会意识

到这一点，但那时已经来不及了，地球会沿着公转轨道的某个切线方

向飞走，成为名副其实的"流浪地球"。

失去阳光的照射，地球温

度会迅速下降，或许不足一天，

气温就会降到0℃以下，大部

分淡水以及部分海域开始结冰。

太好了！曾梦想
仗剑走天涯……

生态系统完全被破坏，绝大部分植物因无法进行光合作用而枯萎消失，

而那些生命更为脆弱的动物可能会先一步灭亡。

作为高等生物的人类，可能早就为"太阳消失"做好了准备，或许会提前躲入准备好的地下避难所，依靠地核提供的温度，暂时维持生命。但这种情况不会持续太久，缺少氧气和食物依然会让人类面临灭绝的危机，届时，只能期望找到一颗合适的行星作为新的栖息地。

如果月亮在瞬间消失，地球的反应虽然不会像太阳消失那么明显，但也足够致命。地球上有生命，月亮功不可没。有一种理论认为，在地球形成初期，自转速度非常快，导致"一天"的时间非常短暂，生命在这种环境下根本无法诞生。正是月亮引力引起的潮汐，让地球慢慢变得"温顺"。此外，缺少月亮的帮助，地球自转的角度变化会非常大，从而导致四季变化十分紊乱，地球上的大部分生命也会因此灭绝，只是过程没有太阳消失来得那么剧烈。

问2

如果木星成为一颗恒星，地球将会发生什么改变？

▶ **答：** 根据计算，最小的恒星质量约为$0.08M_\odot$，这是氢原子被点燃的下限。木星的质量仅为太阳的1/1000，如果它要成为一颗被点燃的恒星，其质量将增加80倍。由于木星到地球的距离是日地距离的4～6倍，根据万有引力定律，即使木星的质量增加80倍，依然不足以让它把地球从太阳手中抢过来，地球会继续绕着太阳公转，但是公转轨道会受到较大的影响，可能不再是一个椭圆，并且每年都不一样。这样的变化，最直接的影响是"年"将没有固定的天数，四季也会变幻无常。

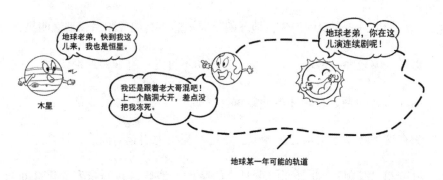

地球某一年可能的轨道

此外，木星的主要成分是液态氢，假设它是一个热恒星，上面的液态氢就会变成气态。木星的体积会比现在大，从地球上望去，木星大概和一个鸡蛋差不多，虽然不及月亮大，但是比月亮要明亮很多，成为"夜空中最亮的星"。

以上仅是基于一些基本的天文数据和物理原理进行的推测，如果木星真的成为一颗恒星，那么地球上的一切事物都可能发生改变，包括人类的文明。

问3
如果地球被一颗白矮星撞击了，地球会变得怎样？

▶ **答：** 科学家们猜测，大约6500万年前，一颗直径超过10千米的小行星撞击了地球，撞击产生的威力大约相当于200万颗原子弹同时爆炸。这次撞击让原本"平静"的地球又开始"暴躁"起来，海啸、地震以及火山大规模爆发，同时毒气遮天蔽日，大部分植物因缺少足够的阳光而渐渐枯萎，包括恐龙在内的大部分陆地动物灭绝。地球用了数十万年的时间才恢复了往日的模样。

理论上，最小的白矮星质量大约为$0.1M_\odot$，相当于约260万个月亮，直径在100千米左右，大约是月亮的1/30。尽管它的体积不大，但当它向地球靠近时，地球不会纹丝不动地等着它的撞击。实际上，地球会离开现在的轨道，快速朝它飞去。如果以太阳为参考坐标，那么并不是白矮星撞击了地球，而是地球撞击了白矮星。

根据万有引力定律来计算，当这颗白矮星距离地球约1600倍地月距离时，它对地球的引力效果和月亮差不多，地球上的海水将会晃动，发生潮汐；当它距离地球约130倍的地月距离时，地球将会感受到来自"另一个太阳"的引力。由于白矮星的温度极高，所以地球上的海水会迅速蒸发，连同大气层一起被它吸引，形成强大的气流，导致地球上到处都是狂风和电闪雷鸣。随着距离越来越近，地球上的物体会飞向天空，逐渐被白矮星吞噬。这个场景有点像黑洞吞噬恒星，也有可能会形成一个小的吸积盘。当地球撞击白矮星时，地球上所有物质都会被压缩，原子也会被简并，变成白矮星的一部分。

以上分析考虑的仅仅是最小的白矮星，如果换成更大的白矮星，那么地球的遭遇将会更加惨烈。当然，谁都不希望这样的灾难真的到来。

问4

　　如果引力波没有那么微弱，那么引力波可以像电磁波一样用于无线通信吗？

▶ **答：**　比起电磁波，引力波的强度微弱到可以忽略不计。现代科学认为，引力的强度仅为电磁力强度的 $1/10^{36}$。这是什么概念呢？如果把引力的强度比作一个氢原子的直径，那么电磁力的强度比银河系的直径还要大几万倍，由此可见，引力波有多么微弱。如此微弱的引力波只有在大天体的引力场发生剧烈变化时才能勉强被探测到，比如两个黑洞合并、大质量恒星爆发等。值得注意的是，微弱的引力波可以无视障碍物，而不会像电磁波一样，被一堵墙挡住，信号强度可能就会衰减至一半。通常情况下，电磁波是无法"穿墙"的。假设你能接收到来自隔壁的 Wi-Fi 信号，那是由于电磁波发生了反射和衍射导致的。

　　然而，假设引力波强度和电磁波差不多，这对于整个宇宙来说将是灾难性的。宇宙万物会因引力而粘在一起，宇宙会永远处于原始原子状态。

　　此外，并非所有的电磁波都能用于通信。电磁波的强度与频率的四次方成正比，频率低的电磁波强度太低，无法用于辐射传播。以日常使用的交流电来说，它的频率是50Hz，几乎没有辐射能力，也就无法用于无线传播。那么问题来了，极高频率的引力波可以用于无线通信吗？从理论上说，引力波的频率和电磁波一样，包含各种频率段，但令人遗憾的是，以人类目前的技术水平还不足以探测到极高频率的引力波，2015年探测到的引力波频率仅为35～250Hz。即使未来有技术探测到极高频率的引力波，但受限于它的强度，用于无线通信的可能性微乎其微。

Part 03

宇宙大爆炸

一生二，二生三，三生万物

诞生，就应该轰轰烈烈！

1 为什么说宇宙起源于一次大爆炸？

2 人类是怎么发现宇宙的秘密的？

3 宇宙是怎样演化的？

4 暗物质与暗能量是怎么一回事？

5 为什么说时间起源于大爆炸？

为什么说宇宙起源于一次大爆炸？

20世纪初期，哈勃在星云中找到了造父变星，由此确认了它们都是星系，与银河系平起平坐。根据星云的光谱，哈勃发现所有的星系都在相互远离，就像吹气球一样，气球上所有点的距离都在不断增加。由此哈勃得出宇宙正在膨胀的结论。

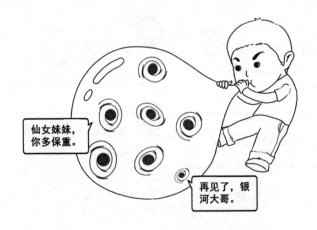

如果时光能倒流，宇宙会怎样呢？

所有的星系会慢慢靠近、靠近、靠近——最终靠在一起。

宇宙中所有的物质也会慢慢收缩、收缩、收缩——最终缩到一个点上。

这个点就是宇宙的起点。

比利时天文学家勒梅特（1894—1966）将这个宇宙的起点称为"原始原子"。原始原子是怎么演变成现在的宇宙呢？勒梅特认为它必然经历过一次"痛痛快快"的大爆炸。这就是宇宙大爆炸理论最早的来源。然而，宇宙大爆炸理论的演化并不"痛快"，甚至有些"痛苦"，因为早期的宇宙大爆炸理论充满了悖论。

宇宙大爆炸理论的第一个悖论来源于宇宙年龄。哈勃曾估算宇宙的年龄约20亿岁，比当时地质学家根据最古老岩石推算出的地球年龄（约45亿岁）还要小约25亿岁。于是，宇宙大爆炸理论还没有问世，就面临了一个"儿子比爸爸大"的悖论。

针对宇宙年龄问题，当时不少科学家提出了不同的宇宙模型，其中英国天文学家霍伊尔（1915—2001）提出的**稳恒态宇宙模型**最为有

名。**霍伊尔认为，虽然宇宙在膨胀，但只要其密度保持不变，宇宙就**

还是稳恒的。宇宙在膨胀，体积在增加，密度怎么才能保持不变呢？

霍伊尔认为宇宙中不断有新物质产生，尽管这些新物质比较少，人类

暂时没有办法探测到。根据霍伊尔的观点，宇宙是一直存在的、不死

不灭的，因此也就不存在年龄悖论了。实际上，稳恒态宇宙模型十分

符合长久以来人类的宇宙观，因此受到了当时许多天文学家的热捧，

包括青年时期的霍金。

然而，年龄悖论问题很快就得到了解决。天文学家们发现哈勃在

估算造父变星的光度上存在误差，宇宙的年龄大约为70亿岁。尽管这个值与现今的138亿岁还有很大的出入，但至少不存在"儿子比爸爸大"的悖论了。

宇宙大爆炸理论的第二个悖论来自宇宙元素的起源。早期宇宙大爆炸理论的支持者认为，大爆炸后产生了大量的氢，氢不断聚集形成星云，星云进一步收缩形成恒星。氢在恒星的"大火炉"中熊熊燃烧（核聚变），形成氦；氦燃烧形成碳和氧；碳和氧燃烧形成其他元素。

然而，霍伊尔根据宇宙中氦的含量提出了一个新的悖论：如果宇宙中的氦都是在恒星"大火炉"中得到的，那么现有的这些恒星炉是远远不够的。也就是说，要产生如此多的氦元素，就需要比现在多得多的恒星，如此一来，天上到处都是闪闪发光的星星，夜晚将会变得比现在的白天还要亮。

159

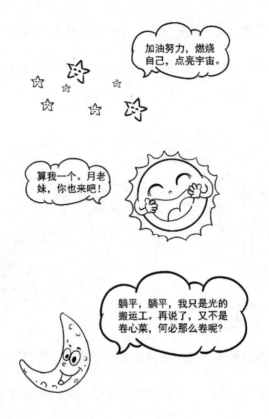

　　美籍苏联物理学家伽莫夫（1904—1968）是宇宙大爆炸理论的绝对支持者。从1938年开始，他就与贝特一同研究恒星的能量来源，并提出了关于元素起源的假说。面对霍伊尔提出的悖论，伽莫夫提出了新的构想：宇宙在大爆炸后的极短时间内，产生了大量的光子和其他粒子。这些粒子之间相互组合形成质子（氢元素），由于宇宙的温度极高，足以让氢聚变成氦。因此，宇宙中的氦一部分来自恒星内部的"大火炉"，一部分来自宇宙大爆炸。

　　1948年，伽莫夫和学生阿尔菲以及贝特共同发表了《化学元素的起源》一文。由于他们的名字首字母发音和希腊文的前三个字母（α、β、γ）非常相似，因此伽莫夫幽默地将这一理论称为"α-β-γ宇宙创生理论"。α、β、γ寓意着创生，正如"道生一，一生二，二生三，三生万物"。

　　宇宙大爆炸理论的反对者们也非常"幽默"，他们用"big-bang-model"来形容大爆炸模型。霍伊尔甚至在英国某广播节目中直接用"big-bang"来嘲笑宇宙大爆炸理论。有趣的是，伽莫夫等人欣然接受了"对手"的建议，于是"The Big Bang"就成了"宇宙大爆炸理论"的专属术语。

在早期，宇宙大爆炸理论一直处于猜想之中，饱受讥讽，其程度不亚于中举前的范进，甚至某些知名的报纸和杂志以漫画形式挖苦宇宙大爆炸理论及其支持者。

与其受人冷嘲热讽，不如主动出击。伽莫夫在计算宇宙演化的时候得出了宇宙存在微波背景辐射的结论。1965年，科学家们在宇宙中找到了背景辐射，宇宙大爆炸理论成了当时宇宙学中最热门的话题。

162

什么是微波背景辐射?

　　简单来说，宇宙在大爆炸后的极短时间内，产生了大量的光子和其他粒子。其中，高能量光子和其他粒子相互碰撞而湮灭，而低能量光子保留了下来。随着宇宙的膨胀，温度降低，至今部分低能量光子还分布在宇宙中。据估算，这些光子频率的峰值应该在微波波段（见42页），与3K黑体辐射的电磁波差不多，因此被称为"微波背景辐射"。换句话说，宇宙的温度在3K左右。由于微波背景辐射产生于宇宙大爆炸，因此也被称为"宇宙中最古老的光"。

测量3K左右的背景辐射在当时的技术条件下难以完成，因为受到的干扰太多了。举个例子，过去有一种老式的黑白电视机，它的信号来自信号塔发射的电磁波，电磁波容易受到干扰，因此电视机上总是有不断闪烁的"雪花点"，这种雪花点被称为"噪声"。后来人们发现这些雪花点有1%来自宇宙微波背景辐射，其余的来自地面及其他干扰，可是谁能将这1%区分开来呢？

20世纪60年代，美国贝尔实验室架设了大型天线，专门接受来自人造卫星的信号，因为天线的口是朝天的，所以不容易受地面信号的干扰。然而，实验室的工程师彭齐亚斯（1933—2024）和威尔孙

（1936—　　）发现在卫星信号中总是存在一些噪声。起初他们以为是仪器出了问题，于是仔细检查了天线的每个部件，连上面的灰尘和鸟粪都清理得干干净净。

经过一年的排查，噪声始终存在，并且维持在3.5K左右。由于当时宇宙大爆炸理论并不火，彭齐亚斯和威尔孙并不知道伽莫夫等人的预言，因此他们被噪声搞得身心俱疲。某次，彭齐亚斯和他的朋友提起这件事。他的朋友告诉他，这可能就是普林斯顿大学的天文物理学家们苦苦寻找的宇宙微波背景辐射。很快，彭齐亚斯和普林斯顿大学取得了联系，并最终确定这个3.5K的噪声就是宇宙中最古老的光。宇宙微波背景辐射的发现震惊了整个科学界。

尽管宇宙微波背景辐射找到了，但仍然有一些细节问题。根据彭齐亚斯和威尔逊的观测结果，背景辐射是均匀、各向同性的。也就是说，从任何角度、任何位置观测背景辐射，其结果都是一样的，这正好证明了宇宙是朝着四面八方匀速膨胀的。然而，各向同性也带来了新的问题，地球在宇宙中穿梭，相对背景辐射是运动的，因此迎面扑来的背景辐射的强度应该大于身后的背景辐射的强度。这就好比一个人在雨中行走，虽然雨滴是垂直落下的，但他胸前要比后背湿得更厉害。

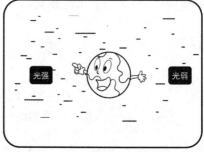

地球属于太阳系，太阳系属于银河系，银河系属于本星系群，一级比一级大，一级比一级运动得快，因此背景辐射也会有起伏。这种起伏被称为"宇宙大余弦"。

宇宙大余弦在20世纪70年代得到了证实。科学家们在万米高空测量微波背景辐射达一年之久，由于受到的干扰更少，精度更高，所以证实了微波背景辐射就是宇宙大爆炸后产生的光，并再次确认了宇宙正在均匀地膨胀。然而，宇宙正在均匀膨胀，宇宙密度会越来越小，物质（主要指氢和氦）之间的引力会越来越小，物质又是怎么聚在一起，形成恒星和星系的呢？

1989年，美国国家航空航天局发射了专门探测宇宙微波背景辐射的卫星COBE。相比较之前的地面探测，COBE扣除了地球、太阳系、银河系等运动的影响，精度更高。经过两年半的观察，科学家们得出了宇宙微波背景辐射的能量分布。原来微波背景辐射在小范围内并非完全均匀，正是因为能量不均匀才使得物质在引力作用下聚集并最终形成恒星和星系。后来美国国家航空航天局和欧洲航天局分别发射了威尔金森微波各向异性探测器（WMAP）和普朗克（Planck）探测器来进一步研究宇宙微波背景辐射，试图从宇宙微波背景辐射中寻找新的线索来完善宇宙大爆炸的整个过程。到目前为止，宇宙大爆炸理论不能说是完全正确的，但至少是目前最完备的一个理论。

3

宇宙万物都是从大爆炸中得到的吗？

物质由原子组成，原子由原子核和核外电子组成，原子核内有质子和中子（氕元素除外），而质子和中子由夸克组成。

夸克是组成物质的基本粒子，分为六味——上、下、顶、桀、奇、底。质子由2个上夸克和1个下夸克组成，中子由1个上夸克和2个下夸克组成，因此质子和中子都是复合粒子。

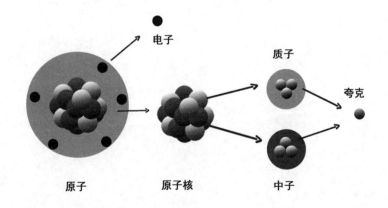

在我们的想象中，电子、质子、中子甚至夸克都是点状粒子，类

似于黄豆或豌豆。实际上，微观粒子和宏观粒子不是一回事，就像蜗牛和牛不是同类。以光子为例，你可以说它是粒子，也可以说它是波（电磁波）。光子到底是什么呢？我们不妨先看看光子是如何产生的。变化的磁场产生电场，变化的电场产生磁场，于是就产生了电磁场，电磁场的变化就会激发电磁波（光子）。

　　光子到底是怎么被"激发"的呢？麦克斯韦提出了一个名为"分子涡旋"的假说，但是这一假说太抽象，涉及大量的假设和难以验证的以太，很难令人信服。麦克斯韦最终放弃了分子涡旋假说，认为未必非得找出一种可以描述的经典图像来描述电磁波的产生，从宏观上理解电磁波的行为即可。也就是说，光子的产生就像电子的自旋一样，都无法用经典的图像来描述。尽管如此，人们还是可以将电子自旋类比于经典物理下的行星自转。光子的产生是否也可以在经典物理中找一个类比呢？答案是肯定的，1927年，狄拉克（1902—1984）就首次将光子类比于机械振动，勾勒了光子诞生的场景。机械振动指的是物体或质点在其平衡位置附近所作的有规律的周期运动。举个例子，一根弹簧拉着物体来回运动，在理想状态下，该物体的运动速度就像一列正弦波，而这一列正弦波的频率由弹簧的性质决定。

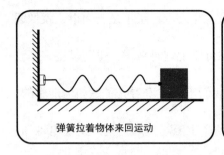

弹簧拉着物体来回运动

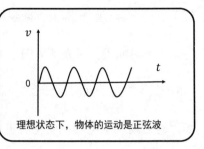

理想状态下，物体的运动是正弦波

狄拉克将电磁场看作由无穷多个振子组成的系统，每个振子不停振动会激发电磁波。简单来说，电磁场里面有无数个看不见的"小弹簧"，"小弹簧"来回振动便产生了电磁波（光）。"小弹簧"大小不一，振动频率各异，从而决定了电磁波的频率。值得注意的是，现实中弹簧的振动是连续的，因此能量也是连续的。而光子的能量是量子化的，因此电磁场中的"小弹簧"也要量子化。它们只有两种状态：未拉伸和完全拉伸，没有中间状态。

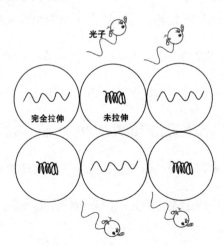

　　光子对应电磁场，其他的粒子也应该有对应的场。场有量子化的能量态（可参考玻尔的量子化轨道模型，见222页），由高能量态跃迁到低能量态便会激发出粒子。不同粒子之间的相互转化也可以看成两个场之间相互作用的结果。这样建立起的理论就是"量子场论"。

　　在量子场论中，一切粒子都是能量，能量为正就是正粒子，能量为负就是反粒子，正反粒子相互碰撞会湮灭成光子。光子的反粒子就是自身，一般情况下，光子不会直接发生碰撞，但在能量极高时（如宇宙大爆炸或高能物理实验等），光子之间会相互碰撞，湮灭后产生正反粒子对。

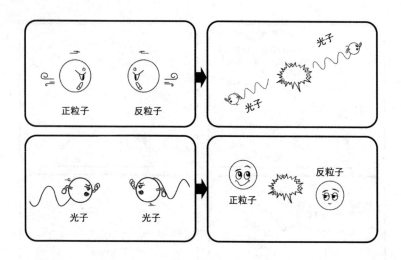

宇宙在大爆炸之后的极短时间内产生了极高的温度，光子相互碰撞产生正反物质粒子，正反物质粒子相互碰撞也会湮灭成光子。值得注意的是，若产生的正反物质粒子是1:1的，那么就没有现在的物质世界，因此正物质粒子肯定要大于反物质粒子。

根据目前对宇宙中光子和物质粒子的观测数据，光子数与物质粒子的比例为（16亿+1）:16亿。由这一信息可以推导出，宇宙在大爆炸后的极短时间内，正反物质粒子的比例是（10亿+1）:10亿。也就是说，每10亿个正反粒子对中，正物质粒子比反物质粒子多出一个，这种现象被称为"对称性破缺"。

多出的一个正物质粒子从哪里来的呢？又是什么造成了这种不对称呢？科学家们猜测，在大爆炸后的10^{-36}秒，宇宙突然暴胀了10^{43}倍，我们所处的宇宙（可观测宇宙）正是来自暴胀后的宇宙的某个小区域。在可观测宇宙之外，可能还存在许多与之类似的宇宙，而某些宇宙中可能以反物质为主，如此对称性就不再破缺了。这种理论被称为"暴胀宇宙"。不过，以目前的技术手段，人们根本无法建立及模拟那时的宇宙温度的实验环境，因此暴胀宇宙理论只是一种猜测，并没有得到实验支持。

反物质

1928年，狄拉克在解电子方程的时候，得出了一对电子能量的共轭解。轭原本是指套在牛肩膀上弯曲的木头，如果让两头牛并排拉车，就需要把两个轭拼成对称的共轭。举个例子，$x^2 = -1$，$+i$ 和 $-i$ 就是一对共轭解。共轭解的特点是大小相同、方向或者符号相反。

能量是标量，只有大小没有方向。负能量有什么物理学意义呢？狄拉克认为，既然正能量是由负电子在磁场中运动产生的，那么负能量就是由正电子在磁场中运动产生的。由此狄拉克预言，宇宙中必定存在正电子，它和电子质量相同，带一个单位正电荷。果不其然，1932年，美国物理学家安德森（1905—1991）在研究宇宙射线时，在云雾室里观察到有一个粒子的径迹和电子的径迹弯曲程度相同，但弯曲方向相反，从而发现了正电子，证实了狄拉克的预言。

如果将共轭解推而广之，应用到所有粒子上，那么每种粒子都有一个"共轭粒子"与之对应，它们质量相同、电荷数相反，它被称为"反粒子"。

电子有反电子，质子有反质子，中子有反中子。如果一个反质子加上一个反电子，就构成了一个反氢原子，再推而广之就能得到"反物质"。其实，反粒子就是反物质，这表明反物质是存在的。值得注意的是，粒子与反粒子都是微观的，不能和宏观中的粒子相提并论。

　　狄拉克对宇宙中存在大量的反物质充满了信心，他认为既然地球乃至整个太阳系是由电子、质子等正物质粒子组成的，那么宇宙必定存在由正电子、反质子等反物质粒子组成的天体。正反物质天体在宇宙中应该各占一半，只是它们的光谱相同，人类难以分辨。随着观测技术的进步，人类拥有了辨别正反物质的能力，但是依然没有发现任何由反物质组成的天体，即便是含正电子的宇宙射线流也极为罕见。正如暴胀宇宙理论预言的那样，大量的反物质可能存在于其他的宇宙中。

什么是暴胀宇宙？

除对称性破缺外，宇宙暴胀理论的诞生主要有以下两个原因。

（1）宇宙年龄约为138亿岁，最古老的光穿行的最大距离约138亿光年。换句话说，人类看到的恒星光不可能超过138亿光年。目前人类观测到的最远的天体距离地球约134亿光年，几乎和宇宙的年龄差不多。然而，根据对遥远天体的观测，它们的环境与我们所处的区域环境几乎一致。也就是说，尽管宇宙微波背景辐射在微观尺度上是不均匀的、各向异性的，但在大尺度上却是均匀的、各向同性的。

宇宙在大尺度上的特性与宇宙的膨胀产生了矛盾。举一个日常生活中的例子，将一滴墨汁滴入一杯清水中时，墨汁会慢慢扩散，在扩散过程中，中心的浓度一定会高于外围，只有处于平衡状态时，杯中的墨汁才会"处处一样"，而此时的墨汁不再"扩张"。

如此宽广的视界中，宇宙为什么处处一样呢？为什么物质会均匀

分布呢？难道宇宙已经处于平衡状态了吗？很显然不是，因为宇宙仍

在继续膨胀。

（2）电荷有正和负，磁有南

极和北极，但正负电荷可以单独

出现，而磁极总是成对出现。以

生活中的磁铁为例，它有南极和

北极，即使从中间截断后，每一段磁铁仍然有南极和北极，而不是南

极和北极分离。

　　根据对宇宙中光子和其他物质质量的估算，宇宙在大爆炸早期产

生了大量的正物质粒子与反物质粒子，其中正物质粒子比反物质粒子

每10亿个会多出1个。正是这多出的1个正物质粒子，现在的物质才

得以形成，其余的10亿个正反粒子相互湮灭成为光子。科学家们推测，

磁也应该有类似的"不对称"现象存在，即宇宙中的单磁极应该随处

可见。然而，到目前为止，人类尚未见过任何一个单磁极粒子。

针对以上问题，美国物理学家古斯（1947—　）提出了暴胀宇宙模型。该模型认为，宇宙的整体尺度比我们现在按光速计算的（可观测宇宙）要大很多。可观测宇宙只是整体宇宙的一小部分，它来自暴胀前的某个均匀区域。因此，可观测宇宙暴胀前本身就是均匀的，如此就解释了目前宇宙物质处处均匀的问题。同时，可观测宇宙与其他区域之间有交界，而磁单级只能在这些区域出现。也就是说，目前宇宙中之所以没有找到磁单级，是因为磁单级不在这里，而在其他区域。

暴胀宇宙模型不仅解决了上述两个问题，还根据对宇宙大爆炸后温度的估算，为支配物质世界的四种力提出了演化方向。自然界中有四种力，这四种力的作用是通过粒子传递的。

（1）电磁力。电磁力作用在带电物体与带磁物体之间，它们传递的粒子是光子。电磁力在日常生活中最常见，如摩擦力、推力等。表面上看，它们和电磁没有关系，但往微观尺度上深究，它们都是分子之间的作用力，属于电磁作用力。

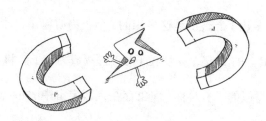

（2）强作用力。原子核内有质子和中子，它们之间必定存在一种力才能维持稳定，这种力正是强作用力。随着科学的进步，科学家们在实验室里发现了数百种具有强作用力的粒子，这些粒子被称为"强子"。

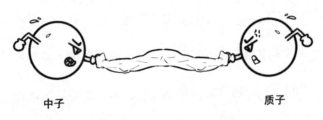

中子　　　　　　　　　　质子

（3）弱作用力。粒子会发生衰变，形成其他粒子，控制粒子衰变的力就是弱作用力。例如，中子衰变时释放一个电子和一个反中微子而成为质子。

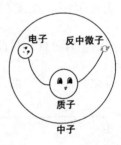

（4）万有引力。万有引力最早是由牛顿提出的万有引力公式支配的，后来被爱因斯坦统一到引力场理论中。引力场的变化会激发引力波，与电磁场的变化会激发电磁波类似。电磁波对应的微观粒子是光子，而引力波对应的微观粒子是引力子。

在宇宙大爆炸初期，这四种力是"一家人"。随着宇宙大爆炸的进行，它们才逐渐"分家"。暴胀学说根据对宇宙温度的估算，制定了它们"分家"

的时刻表（见183页）。

然而，暴胀学说本身仍存在很多问题。例如，宇宙在极短的时间内暴胀了10^{43}倍，暴胀速度明显超越了光速。该怎么解释这一现象呢？

一些科学家认为，宇宙暴胀的是空间，而非物质，而狭义相对论仅规定物质不能超越光速。其实这种解释非常牵强，因为相对论认为时空是一体的，且和物质之间相互等价。另一些科学家认为，光速不变来自测量，如果处于当时的时空中，宇宙的膨胀依然没有超越光速。

不管怎样，目前的物理学还没有办法解释这些现象。人类在接近答案时，才会发现自己给自己出的题目比想象中要难。

根据量子场论，微观尺度的粒子是量子化能量的体现，而力的相互作用则是能量交换的外在表现。到目前为止，物理学已经将电磁力、强作用力和弱作用力进行了统一，形成了大统一理论。然而，引力子还没有找到，如果找到了，就能揭开引力波的神秘面纱。毫无疑问，宇宙大爆炸也会产生引力波。如果人类能找到宇宙最初的引力波，那么将会得到比最初的电磁波（宇宙背景辐射）更多的信息，也许就能弄清整个宇宙的演化过程。

从零开始，宇宙大爆炸的过程是怎样的？

宇宙大爆炸

赶紧捂住耳朵，宇宙要大爆炸了。

物理哥啊，那时候有声音吗？

那时候连时间都没有。

没有指针的闹钟

爆炸，宇宙创生之始。宇宙从大爆炸而来，在大爆炸之前，不存在时间和空间，仅有一个体积无限小、质量无限大的奇点。实际上，并不存在"大爆炸之前"这种说法，因为脱离时间，"以前"是没有意义的。爆炸意味着宇宙创生，时空也由此开始。

（1）$0 \sim 10^{-43}$ 秒，普朗克时代。我们知道物质由原子组成，原子由电子和原子核组成，原子核由质子和中子组成，质子和中子由夸克组成。夸克还能再分吗？到目前为止，尚未有实验能证明夸克还能再分下去。因此，物质归根到底都是由"一个个"的粒子组成的。

时间也是如此。如果把时间不断地分割下去，最终会得到"时间粒子"。时间粒子长度为 10^{-43} 秒，被称为普朗克时间。在日常生活中，我们根本不用在意最小的时间粒子，因为它仅是一次眨眼的"亿亿亿亿亿分之一"。但是，宇宙是从零开始起步的，它的第一步必然跨到了 10^{-43} 秒。至于宇宙在 10^{-43} 秒里发生了什么，目前仍未知，因为任何事件都具有时间性，如果知道了，就意味着进入了普朗克时间内。也许某天，人类建立了比量子力学更能描述粒子行为的理论——量子引力理论，才有机会揭开普朗克时代的神秘面纱。

（2）$10^{-43} \sim 10^{-36}$ 秒，大统一时代。普朗克时代的四种力还没有分开。到了 10^{-36} 秒，万有引力率先分离，宇宙开始暴胀。

（3）$10^{-36} \sim 10^{-32}$ 秒时，暴胀时代。宇宙尺度在这段时间内增加了 10^{43} 倍，强作用力开始单独起作用，产生了大量的正反粒子。正反粒子相互湮灭形成光子，光子又会相互碰撞形成正反粒子，此时的宇宙内部就像一锅正在翻滚的浓粥。

（4）$10^{-32} \sim 10^{-4}$ 秒，强子时代。暴胀时代结束，粒子在高温下分离成正反夸克。夸克是组成质子和中子的基本粒子，在高温情况下，质子和中子会被击碎成夸克，因此在这段时间内，不存在质子和中子，宇宙是正反夸克、正反电子和正反中微子的海洋。

（5）$10^{-4} \sim 0.01$ 秒，轻子时代。宇宙温度降低，自由的夸克开始组合成质子和中子。同时，质子和中子之间也会相互转化，中子转化成质子要比质子转化成中子容易一些。因为中子转化成质子会释放一个电子与一个反中微子，所以宇宙中电子和反中微子的数量激增。由于电子和中微子属于轻子，因此该时代又被称为轻子时代。

（6）$0.01 \sim 13$ 秒，辐射时代。正反粒子之间相互湮灭，形成光子。光子具有保温作用，使得宇宙的温度没有那么快下降，从而让质子和中子有时间相互结合形成氘核——氢的同位素。不过氘核还没有来得及形成更重的氦就被击碎了，这个过程中的氘核如同打地鼠游戏中的地鼠不断出现又消失。

（7）13秒～3分钟，氦合成时代。正反粒子相互湮灭结束。由于正粒子比反粒子每10亿个多出1个，所以还存在正粒子——物质形成的种子。随着宇宙温度下降，氕核终于有机会形成更重的粒子——氘核和氦核。

（8）3分钟～38万年，粒子稳定时代。此时氢和氦的原子核已经出现。然而，由于宇宙温度还是很高，大量光子具有强大的能量将电子从原子中剥离，因此这一时期仍然看不到原子。不过，粒子之间不再相互湮灭，因此称该时代为粒子稳定时代。

（9）38万～70万年，复合时代。宇宙中有大量的粒子，光子并不能畅通无阻，宇宙依然处于混沌状态。随着宇宙的膨胀，温度开始降低，原子核开始捕获电子，形成原子，自由电子基本消失，物质得以形成。随着温度的下降，宇宙开始变得透明，大爆炸时产生的光子可以畅通无阻，形成宇宙背景辐射。

（10）70万～1亿年，黑暗时代。宇宙从70万岁开始，引力作用成为主导，物质粒子开始聚集形成星云。到宇宙1亿岁时，第一代恒星终于诞生，结束了宇宙的黑暗时期。

最早的恒星是何时诞生的？天文学上的发现不断刷新着人类的观点。在宇宙大爆炸早期，天文学家们认为第一颗恒星应该在宇宙10亿岁时诞生。然而，随着观测技术的进步，恒星诞生的时间被不断前推。目前人类观测到的最远的天体距离地球约134亿光年。

既然它的光要传播134亿年才能被我们看到，那足以证明它在宇宙4亿岁时就已诞生。这种天体被称为"类天体"，它们都非常亮，光度大约是太阳的百亿甚至万亿倍，这些天体可能并非单颗恒星，而是星团或者星系。星团和星系的形成至少需要上亿年，因此第一颗恒星诞生的时间还要往前推，可能在宇宙1亿岁时就已诞生了。

（11）1亿～10亿年。第一代大质量的恒星走向了生命终点，它们用一次爆炸结束了轰轰烈烈的一生，仅留下中心的核。大部分第一代恒星的结局是黑洞，其中一部分成了现在星系的中心。第一代恒星爆炸后，大量的物质被抛射到宇宙中，成为下一代恒星或者行星的原材料，行星开始诞生。有了行星就可能有生命，宇宙开始具备生命诞生的条件。生命诞生的条件比恒星诞生的条件苛刻很多，到目前为止，尚未发现地外星球上有生命的迹象。

（12）10亿～138亿年。在宇宙93亿岁时，地球诞生了。那些在恒星"大火炉"中合成的元素以及在超新星爆发中合成的元素终于派上大用场了，一部分元素逐渐组合成有机分子，有机分子又演化成细胞，细胞是最小的生命体单元，生命由此诞生。

生命体不断演化，物种多样性开始呈现。在众多物种中，500万年前的灵长类动物脱颖而出，不断进化，形成了对宇宙万物充满好奇的智慧生物——人类。他们发明了各式各样的望远镜来观测宇宙，发现宇宙在不断膨胀，由此推算出宇宙起源于一次大爆炸……

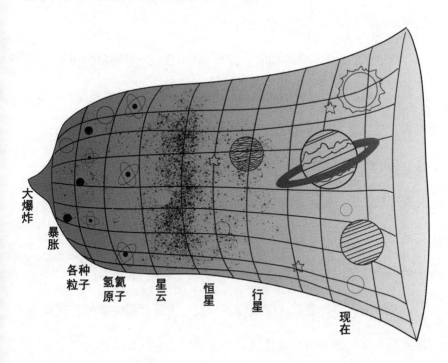

不确定原理

玻尔从元素光谱出发，得出量子化轨道模型。然而，电子轨道在哪儿呢？卢瑟福的散射实验仅证明了原子核的存在，并没有确定电子的位置。也就是说，散射实验并没有证明电子存在轨道，所谓的电子轨道只不过是理论物理学家们的想象。这是很危险的，因为一旦有了先入为主的模型，研究者往往会将实验所得的结果套入模型中，从而忽略了它真正的本质。

玻尔的学生海森伯（1901—1976）认为应该从可观测的现象入手去解决问题，而可观测的现象只有谱线的频率和谱线的强度。于是，海森伯根据这些信息建立了二维的数据集。但令海森伯奇怪的是，建立后的数据集不符合乘法交换律，即 $A×B≠B×A$。海森伯将他的论文提交给了另一位导师波恩（1882—1970）审阅，波恩敏锐地指出这个数据集就是矩阵。后来，波恩联合约尔当（1902—1980）与海森伯一起研究，三人合作建立了矩阵力学。

矩阵运算不符合乘法交换律的问题一直困扰着海森伯，他认为这背后一定有深刻的物理含义。当时，实验物理学家们为了寻找电子的轨道，将电子引入云雾室中，云雾室中含有水蒸气，当电子高速进入后，会使蒸气电离，形成小水滴，这些小水滴便巧妙地记录了电子的运动路径（正电子就是这样找到的）。然而，问题正出在这里，水分子的"个头"是电子的数十万倍，用一个"庞然大物"来测量微乎其微的物体，得到的结果是精确的吗？这就好比用操场来定位运动员的位置，所得结果只有"运动员在操场上"和"运动员不在操场上"，而无法确定其具体位置。同样地，虽然电子的运动被限制在小水滴运动的范围之内，但它的具体位置充满了不确定性。也就是说，人类根本没有测量到精准的电子轨道。这就是海森伯对于不确定原理最初的思考。

　　1927年，海森伯设计了一个思维实验，假设有一个 γ 光学显微镜，用来观察电子。γ 光的波长越短，显微镜的分辨率就越高，电子的位置就越精准（位置误差记为 Δx）。然而，光是能量，γ 光的波长越短，光子的能量越大。当光子与电子碰撞后，电子的动量改变的幅度就越大（动量误差记为 Δp）。这就好比拿一个水银温度计测量一滴水的温度，温度计势必会对水滴的温度产生影响（能量误差记为 ΔE）。为了减弱这种影响，可以缩短温度计与水接触的时间（时间长度记为 ΔT），如刚接触就拿走，但如此一来，测量的温度值也就不准确了。

根据这个思维实验，海森伯得出一个结论：根本无法同时得到电子精准的位置与动量，位置误差和动量误差是一对相互制约的物理量。

经过一番辛苦的计算，海森伯得出了二者的关系式：

$$\Delta x \Delta p \geq h/4\pi（h 为普朗克常量）$$

同样地，根据水银温度计测量一滴水温度的思维实验，也应该有一个关系式：

$$\Delta E \Delta T \geq h/4\pi$$

由此可见，能量与时间也是一对相互制约的物理量。ΔT 不能无限小，否则ΔE会无限大。根据计算，ΔT的最小值约为$5.39×10^{-44}$秒，一般记为10^{-43}秒，这个时间被称为"普朗克时间"。一直以来，人们都认为物质在微观尺度上是"一粒粒"的，而时间是连续的，不存在最小的时间间隔。但根据不确定原理，时间在微观尺度上也是"一粒粒"的，到目前为止，人类无法找到一个小于普朗克时间的时间间隔。

不确定原理还改变了人类对真空的认知。很久以前，人们将"没有空气"定义为真空，因此就有了原子内部是真空的说法。因为原子核和电子都很小，所以其余的空间容不下任何一个气体分子。

随着原子模型的确立，人们知道原子核和电子都是带电的，电子在原子内部运动，会导致原子内部能量起伏。能量的外在表现是微观粒子（如光子），因此，物质在不断吸收光子，也在不断释放光子。由此可见，将"没有空气"定义为真空是比较狭隘的。

问题来了，没有能量的地方是否就意味着绝对真空呢？答案还是否定的，因为根据不确定原理，ΔE和ΔT是一对相互制约的物理量，ΔE为0，意味着ΔT无限大，所以没有能量的区域是不存在的。这些区域会随时产生正负虚粒子对（粒子就是能量），正负虚粒子对又很快湮灭，这一理论早在1947年就被证实。

6

什么是暗物质？

暗物质理论起源于对星系质量的估算。我们有以下两种方法来估算星系的质量。

第一种方法是通过星系的光度来估算其质量，估算出的结果被称为"光度质量"。

第二种方法是将星系内的恒星比作气体分子，将星系比作由众多气体分子组成的热力系统，然后根据星系的几何结构和星系内恒星的运动速度分布，估算星系的总质量。这个估算与引力有关，因此被称为"引力质量"。

1933年，瑞士天文学家兹威基（1898—1974）测量了一些星系的光度质量和引力质量，结果令他感到意外，引力质量是光度质量的400多倍。由此兹维基认为，星系的内部一定存在大量的不发光的物质——暗物质。最初，人们很自然地将暗物质与黑洞联系起来，认为那些只贡献质量、不贡献光度的天体正是传说中的黑洞。

20世纪30年代是量子力学发展的黄金时期，相比之下，黑洞、宇宙大爆炸等方面的研究则黯淡很多，因此暗物质并没有引起人们太多的关注。直到1970年，美国女天文学家薇拉·鲁宾（1928—2016）在观测某些星系时发现，星系的运动不符合开普勒第三定律，暗物质再次上了"热搜"。

开普勒第三定律表明，行星绕太阳公转的周期的平方与轨道半长轴的立方之比是常数，与行星的质量无关。实际上，行星的公转周期与其质量有关。假设将某个行星的质量突然增大，在保持轨道不变的情况下，公转周期将会缩短，即公转速度增大。开普勒第三定律背后是万有引力定律，因此它同样适用于星系。

然而，薇拉·鲁宾将星系的旋转速度和距离绘制成图时，结果出人意料，远离星系中心的旋转速度远超预期，唯一能解释得通的是星系中存在大量暗物质。严格来说，虽然黑洞也是暗物质，但即使将星系中的黑洞质量加上，也无法完全解释观测到的现象，因此推测暗物质可能就像星云一样，弥散在宇宙中。

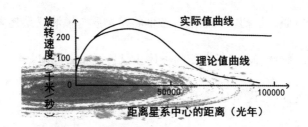

暗物质的猜想在2006年得到了证实，天文学家们通过引力透镜效应首次找到了暗物质存在的直接证据。随后的诸多观测进一步证实了暗物质的存在。然而，暗物质是什么以及由什么粒子组成至今仍是一个谜。暗物质既不能发光，也不参与电磁作用，与我们日常生活中的原子完全不同，于是科学家们根据排除法，一度将希望寄托于中微子身上，但中微子是如何组成暗物质的，至今也是一个谜。

科学家们通常将暗物质分为冷暗物质和热暗物质。冷暗物质粒子质量大且运行速度慢；热暗物质粒子质量小，运行速度接近光速。实际观测的暗物质大部分是冷暗物质。目前发现的中微子有三种，加上三种反中微子，总共有6种，它们的速度接近光速，因此常被认为是热暗物质的组成粒子。至于冷暗物质的组成粒子，目前尚无法确定，只能寄希望于未来的科技进步和更深入的研究来揭示。

什么是暗能量？

在科学探索的征途中，每当人类自以为构建了坚不可摧的新模型或理论时，新的发现往往会将其推翻，迫使我们重新审视现实。

自宇宙背景辐射被发现以后，再也没有哪个宇宙学理论能撼动宇宙大爆炸理论的地位。人们要做的就是对宇宙大爆炸理论进行更精细的研究，其中哈勃常数是影响宇宙大爆炸理论的关键因素。随着科技的发展，尤其是测光仪器灵敏度的提高，天文学家们把目光投向了更遥远的星系。尽管这些星系遥远，光度暗弱，但它们中却不乏超新星爆发的壮丽景象，这些爆发在地球附近区域也能被观测到。

天文学家们本想通过研究遥远超新星的光谱来求得更精确的哈勃常数。然而，观测了几年，发现遥远星系的退行速度并不和距离成正比，反而比预想的要慢，而且距离越远，退行速度越慢。由于光速有限，我们现在看到的星系实际上是几亿年前的样子，这意味着几亿年前的星系退行速度比现在的要慢。这一发现表明宇宙不是匀速膨胀，而是加速膨胀。

无论是万有引力、时空弯曲，还是我们肉眼可见的物质和暗物质，它们都是相互吸引的。这个现象就像一个被抛向空中的苹果，尽管它不断升高，但受地球引力的作用，速度会逐渐减小，最终会落到地面上。然而，宇宙这颗"苹果"却似乎没有减速的迹象，反而被一股神秘的力推着加速膨胀起来。

到底是什么样的神秘力量呢？我们尚不清楚。于是，科学家们根据起名的经验（把看不见的物质称为"暗物质"），将其命名为"暗能量"。

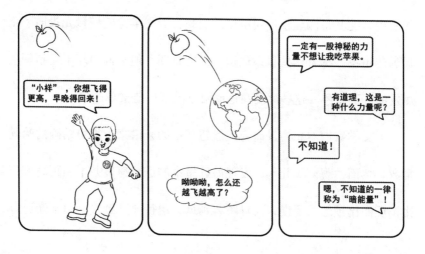

　　暗能量到底是什么？根据不确定原理，宇宙中某个区域即使没有物质，能量也不可能始终为零，既然不为零，就可能从其他区域"借"能量，从而导致被借区域的能量是负的。有借就有还，这一来一回就造成了能量的涨落。根据量子场论，能量的变化可以看成粒子的相互作用，而真空能量涨落的粒子就是一对正负虚粒子，它们瞬间产生又瞬间湮灭，此起彼伏。因此，科学家们猜测，正负虚粒子对也许就是暗能量的组成粒子。

　　暗能量不同于暗物质。暗物质虽然看不见（不辐射光），但它和看得见的物质一样，具有引力，可以抱团，由某些正反粒子组成。而暗能量则随处可见且分布均匀，对外表现出斥力。爱因斯坦在构建静态宇宙模型时，提出了宇宙常数（见16页），后因哈勃发现宇宙正在膨胀而放弃了这一想法。现在看来，爱因斯坦放弃得太早了，因为暗能量从数学上来说和宇宙常数如出一辙，真不知道是爱因斯坦歪打正着，还是冥冥中自有天意。

8

大爆炸前，宇宙是什么样子的？

宇宙起源于约138亿年前的一次大爆炸，时间和空间都从这一刻开始。在此之前，没有时间，没有空间，只有一个体积无限小，密度无限大的奇点。因此，宇宙大爆炸之前没有"故事"，与其讨论宇宙大爆炸"以前"，不如讨论时间和空间为什么要从零开始。

人们往往能接受空间为零，却很难接受时间为零，因为时间不像空间那么具体。时间是什么？时间无色无味，无质量也无体积，它是智慧生物脑袋中的抽象，还是真实存在的实体？我们不妨沿着进化的脚步，看看人类认识时间的过程。

很久以前，灵长类动物进化为人类，开始思考除食物和繁殖等本能需求外的问题。他们从日升日落中认识到了"天"，从寒来暑往中认识到了"年"，这便是人类最早对时间的认识。天和年是周而复始的，是自然界中最常见的周期现象，因此时间便可被描述为"对周期现象的测量"，反过来，人类最早正是通过周期现象来计量时间的。

人类早期认识到的周期现象来源于日月星辰的运动，于是古希腊早期的哲学家们认为时间就是运动本身。然而，亚里士多德指出了其中的矛盾，如果时间就是运动，那么"运动快，时间就快；运动慢，时间就慢"的说法就变成了"时间快就是时间快，时间慢就是时间慢"，这显然是用时间自身来定义时间，陷入了逻辑上的循环。因此他认为时间与运动是有区分的，时间是测量运动的一把"尺子"，即时间是运动的数目。

无论时间是什么，亚里士多德都没有否定时间与运动的关系。那

么问题来了，假设没有运动，时间还存在吗？举个例子，清晨把一只猫关到一间漆黑的屋子里，它感受不到外界的变化，也就是感知不到时间。12小时后，把它放出来，喂它吃饭，它该吃早餐还是晚餐呢？

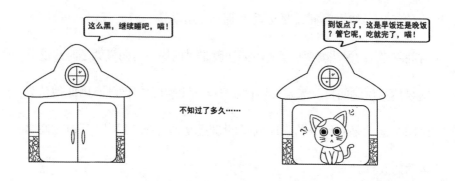

为了解决这个问题，牛顿认为必须将时间和运动分开来，即存在一种脱离运动、不依赖于任何外界事物的时间，称之为"绝对时间"，与之对应的是"相对时间"。相对时间可从周期运动中感知，而脱离运动的绝对时间又该如何感知呢？根本无法感知。这让它显得神秘莫测，类似于迷信中的鬼神，仿佛存在于冥冥之中，但我们永远无法知道它在哪儿。

虽然绝对时间也是一把"尺子"，但它看不见，摸不着，因此平时计时的重任还要落到相对时间的肩上。相对时间是能够以任意时刻为起点的，比如每天都有零点，甚至可以将任意时刻定义为"0时刻"，再来计算做某一件事所用的时间。相比之下，绝对时间只能有一个"0

时刻"，它就像数轴一样，每个刻度都是画好的。毫无疑问，这个"0时刻"可以理解为宇宙起点，不过牛顿认为的宇宙起点并非来自宇宙大爆炸，而是来自上帝之手——当时的西方人认为宇宙是上帝创造的。

在微积分发明权上与牛顿"死磕"的德国数学家莱布尼茨（1646—1716）在时间问题上又与牛顿"死磕"起来。他坚决反对绝对时间概念的原因有以下两个方面：一方面，他认为绝对时间根本找不到；另一方面，他认为上帝可不是一个随便的人，上帝做任何事情都是井然有序的，并且是计划好的，绝对不会在"某个时间点"心血来潮地创造一个宇宙。虽然莱布尼茨的观点已经跳出了物理学和哲学的范畴，但是不得不承认，他对"0时刻"宇宙感到厌恶，这可能代表着当时不少人的观点。

牛顿之后，关于时间的讨论似乎进入了一个真空期，一是因为牛顿被神化了；二是人们似乎更喜欢一个冥冥之中存在的、不断流逝的绝对时间。直到狭义相对论的提出，牛顿的绝对时空观才走下了神坛，"0时刻"的说法也随之消失。人们并没有为时间"0时刻"的消失而感到伤心，因为此时的宇宙不再被认为出自上帝之手，而是永恒的、不生不灭的。时间没了"0时刻"正好与永恒的宇宙相得益彰。

然而，宇宙膨胀被发现后，人们对"0时刻"问题又躁动起来，因为沿着时间往前追溯，宇宙有一个起点，而宇宙在起点的时刻就是"0时刻"。这个"0时刻"既是独一无二的，也是绝对的。简单来说，相对时空否定了绝对时空，却无法将"0时刻"一同抹去。

为了调和这一矛盾，一直备受关注的宇宙模型，即"无限循环宇宙理论"应运而生。该理论既承认宇宙的膨胀，又巧妙地避开了宇宙奇点。无限循环宇宙理论认为，宇宙的演变就像一条咬住自己尾巴的蛇，宇宙没有开始，也不会终结。宇宙虽然在膨胀，但是速度在减缓，总有一天宇宙会收缩，而收缩到一定程度后，宇宙又开始膨胀。如此周而复始，无穷无尽。然而，随着宇宙加速膨胀的发现，无限循环宇宙理论已成为过去式，因为它根本无法解释是什么样的能量让加速膨胀的宇宙转而收缩的。

　　在现代物理学中，唯一能拿来类比"0时刻"的就是"零温度"——绝对零度。宇宙万物的温度不可能低于或者等于绝对零度，绝对零度就像万物温度的

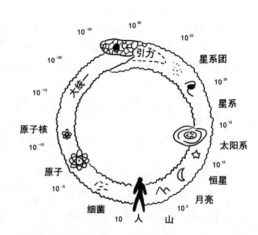

起点一样，因此，时间也可以有起点，尽管现实中不存在绝对时间。

绝对零度

　　第一次工业革命时期，工程师们为提高蒸汽机的生产效率操碎了心。英国工程师瓦特（1736—1819）做出了杰出的贡献。瓦特通过多次改良蒸汽机，

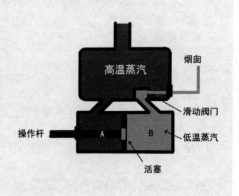

使得效率大幅提高。然而，尽管经过改良，蒸汽机的效率仍然受到多种因素的制约，具体效率数值可能因蒸汽机的型号、设计以及运行条件而异。当时，人们曾尝试从工作介质的角度寻找提升效率的途径，认为蒸汽机的效率可能与使用的水蒸气有关。然而，实践表明，将水蒸气替换为更容易挥发的乙醇蒸气并未能带来效率上的显著提升。这可能是因为乙醇蒸气的燃烧性能和热值特性与水蒸气存在显著差异，且在实际应用中可能面临技术上的挑战和经济上的限制。

1824年，法国工程师卡诺（1796—1832）从蒸汽机的原理出发，得出蒸汽机的工作效率只与A和B两个气缸的温度（A为高温气缸，B为低温气缸）有关，用公式表示为：

$$\eta = 1 - \frac{T_B}{T_A}$$

这个公式说明，要提高蒸汽机效率，最好的办法是让两个气缸中的温差增大。

卡诺一生颇为不幸，年仅30多岁便离世了，以至于他的理论并未被人知晓。当时唯一认真读过他论文的是法国物理学家克拉珀龙（1799—1864），克拉珀龙用直观的坐标来表达卡诺的思想。可惜当时的克拉珀龙仅是一名影响力有限的学生，因此未能将卡诺的思想推而广之。

　　直到20多年后，英国物理学家开尔文（1824—1907，本名威廉·汤姆孙，因功勋卓著被英国政府封为爵士，授爵后他改名为开尔文）到法国参加学术会议，偶然间读到了克拉珀龙的论文，从而得知了卡诺的工作。尽管开尔文几乎找遍了当时所有相关的图书资料，却未能找到卡诺的论文，只能从克拉珀龙的论文推测卡诺的思想。

　　根据蒸汽机的效率公式，开尔文思考了以下的极限问题：蒸汽机的效率能否等于100%或者0%？

　　要想蒸汽机的效率等于100%，则 T_A 必须为无穷大或者 T_B 必须为0。因为自然界中的温度不可能无穷大，所以只能寄希望于 $T_B = 0$。然而，在自然界中也不存在温度为0的物体。

　　这里的"温度为0"指的是不依赖于任何物理特性的温标，这正是摄氏温标做不到的。举个例子，摄氏温标依赖于水的冰点和沸点，但在不同的大气压下，水的冰点和沸点是不同的。开尔文认为是时候建立一种新的温标了，这种温标不依赖于任何环境，类似于牛顿所说的"不依赖于参照物的绝对运动"，因此这种温标被称为"绝对温标"。

　　既然不依赖于任何环境，那么又该如何找到参考呢？开尔文想到了气体温度与体积的关系。19世纪初，科学家们从实验中总结出了一个定律：在保持压强不变的情况下，1体积的任何气体，每当温度降低1℃，体积减小量是一个定值，约为该气体在0℃时体积的1/273。如果保持压强不变，把1体积的0℃的气体不断降温，降到-273℃（后被确定为-273.15℃）时，那么它的体积将会变成0，显然这是不可能的。这就意味着，-273℃就是绝对温标的起点，即"绝对零度"。虽然绝对零度是不存在的，但它可以视为宇宙万物温度的起点。既然温度可以有起点，那么时间为什么不能有呢？

　　非常有趣的是，开尔文还从蒸汽机的效率公式中得出了宇宙将要死亡的结论。令$T_1=T_2$，则蒸汽机的效率为零，也就意味着蒸汽机空转白忙活。假设将宇宙看成一个蒸汽机系统（一个孤立的热力学系统），宇宙内部有高温和低温，高温不断地向低温传递，总有一天宇宙的温度会处处相同。当宇宙空转白忙活时，就意味着宇宙死亡了，开尔文称这种死亡为"热寂"。在当时的人们看来，宇宙是永恒的、不变的，因此热寂说曾一度被科学家们广泛讨论。然而，随着宇宙膨胀现象的发现，热寂说也就失去了存在的意义，因为膨胀的宇宙并不能被看成是孤立的热力学系统。

奇怪的问题又来了

问1

如果未来证明宇宙大爆炸理论是错误的，那么人类现在所有的努力是否都将付诸东流？

▶ **答：** 借助这个问题，我们漫谈一下数学与物理学之间的区别。

在数学领域，有一个著名的猜想叫"哥德巴赫猜想"，它断言，任意一个大于 2 的偶数都可以写成两个素数之和，比如 10=3+7。

尽管计算机编程可以很轻松地验证亿级别的偶数是符合哥德巴赫猜想的，但数学家们就是没有办法证明它。既然没有被证明，那就不能称为"定理"，只能称为"猜想"。到目前为止，哥德巴赫猜想最重要的进展是我国数学家陈景润在 1966 年证明的任何一个充分大的偶数都可以写成两个素数的和，或者一个素数与两个素数乘积之和。

　　然而，物理学的情况却大不相同。举个例子，力学第三定律指出相互作用的两个物体之间的作用力和反作用力总是大小相等、方向相反、并作用在同一条直线上。这并不是牛顿证明出来的，而是根据现象总结出来的。既然是总结出来的，那也不能称之为"定理"，而只能称之为"定律"——从经验中总结出的规律。

　　举个例子更直观地理解定理与定律的区别。中国有句古话叫"天下乌鸦一般黑"。这句话对吗？对与不对，要看场合和背景。放在数学上，这只能是猜想，除非你能给出严格的证明；放在物理学上，这就是一个定律，除非你能找出一只不是黑色的乌鸦来反驳。

　　通过上面的例子可以看出，物理学并不像数学那样需要严格的证明，它更像是一种经验总结。宇宙大爆炸理论也是如此，经过100多年的洗礼，它已经是目前最好的宇宙诞生模型。即使在未来，人类从宇宙中找到了"一只不是黑色的乌鸦"，也不能就此否定宇宙大爆炸理论在物理学中的重要性，人类所有的努力也不会付诸东流。其实，这种情况在物理学中并不罕见。玻尔在建立电子的量子化轨道模型时，根本没有想到电子后来被证明是一团概率波（见227页），所谓的轨道也只是电子出现概率大的地方而已，即电子轨道是不存在的。然而，时至今日，人们仍然用量子化轨道模型来解释元素的化学性质和原子的某些物理特性。为什么一个"错误"的理论却能正确地解释自然现象呢？没有人能解释清楚。

问2

假设地球没有自转——没有昼夜交替，同时假设地轴（地球自转轴）没有倾斜——没有春夏秋冬，人类是不是就没有时间了？

▶ **答：** 毫无疑问是否定的。早期人类认识的第一个时间概念便是"天"，其次是"年"。

自转一圈就是一天

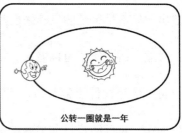

公转一圈就是一年

天和年都是从地球运动（古人误认为是太阳运动）中得到的。如果地轴没有倾斜或者地球没有公转，那么人类将感知不到"年"。没有"年"可能还不那么糟糕，可怕的是没有"天"。如果人类感知不到"天"，那么地球的一面将永远朝向太阳，另一面则永远背向太阳。在这种情况下，地球一面饱受太阳炙烤而成了沙漠，另一面则处于寒冷的冰天雪地中，在这样的极端环境下，根本不用考虑人类有没有时间，而是根本就不存在人类了。

那么问题来了，宇宙大爆炸之后、太阳系还没有形成之前，时间从哪儿来呢？人类又是怎么知道大爆炸后宇宙演化的时间表的呢？实际上，衡量

时间在于变化，宇宙的大小、密度、温度都是变化的，都可以当成"计时器"。然而，由于宇宙的大小和密度难以估算，科学家们通常选择更容易测量的参数来推算时间，其中温度就是一个重要的选择。通过估算宇宙的温度变化，科学家们可以推算出宇宙的演化历程，并将其换算成我们熟悉的时间单位，如分钟、秒等。

问3

　　如果未来某天发现一种更小的粒子，可以用它来测量电子或者其他微观粒子，且产生的影响可以忽略不计，那么不确定原理是不是就不存在了呢？

▶ **答：** 不确定原理自诞生以来，一直就有许多质疑的声音。其主要原因在于，不确定原理改变了测量与事物本质之间的关系。我们知道，测量是人对客观事物的量化认识，它并不能改变客观事物的本来面目，也与其他的物理量没有关系。例如，测量一个人减肥是否成功，称一下体重就知道了，但"称一下"完全不需要解释这个人的身高是多少。然而，不确定原理却让位置与动量、时间与能量相互制约起来。

　　爱因斯坦强烈反对不确定原理，在第五次和第六次索尔维会议上，他多次向不确定原理发起挑战。其中，最有名的是光箱子思维实验：假设一个箱子内有若干光子，箱子侧面

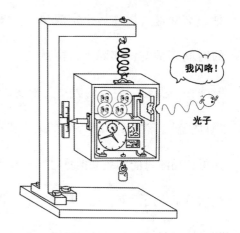

有一个开关，开关一次打开闭合的时间足够短，只让一个光子逃逸出去，此时，如果用一个理想的秤测量箱子的质量变化，那么时间是确定的，质量（能量）是确定的，它们的积也随之确定，因此不确定性就不存在了。

　　爱因斯坦的观点遭到了玻尔的反对。玻尔指出，在一个光子逃逸时，箱子也会随之向上运动一段距离，根据广义相对论，逃逸的光子

频率会发生红移，频率代表着光子的能量，因此能量变化是不确定的；此外，箱子在引力场中变速移动，箱子里的时钟会发生变化，时间也参与到不确定的变化中来。因此，不确定原理依旧成立。如今不确定原理已经成为量子力学中的一条基本原理。

至于上述的问题，如果用一个比电子更小的粒子去测量电子，仅产生忽略不计的影响，那不就等同于用一支温度计测量一盆水的温度吗？不确定原理不就确定了吗？可是一个很明显的问题是，又该拿什么去测量这个更小的粒子呢？因此，不确定原理依然在微观世界成立。

问4
如果宇宙是反物质或者暗物质构成的，宇宙会怎样？

▶ **答：** 虽然反物质和暗物质都有"物质"两个字，但却是两个不相干的概念。

反物质与正物质（现在的物质）对应，它们具有相同的性质，但自旋、相互作用以及电荷都是相反的。如果宇宙是反物质构成的，那么本质上将与我们当前所见的宇宙无异，就像照镜子一样，因为所谓的"正"与"反"都是人类定义出来的。

以电子为例，电子带的是负电荷。在静电学研究的早期阶段，科学家们发现电荷分为两种，同种电荷会相互排斥，异种电荷会相互吸引。由于当时人们经常用毛皮摩擦过的玻璃棒和丝绸摩擦过的琥珀来做研究，因此将这两种电荷命名为"玻璃电"和"琥珀电"。同时，因为两种电荷放在一起会相互抵消，就像正数加负数等于零一样，因此人们又将这两种电荷改名为"正电"和"负电"。电荷移动形成电流，可能出于对"正数"的情感，人们将正电荷移动的方向定义为电流方向。

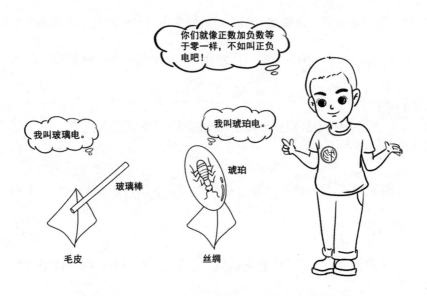

然而，随着电子的发现，科学家们认识到电流实际上是由于电子移动导致的，于是就有了"电子移动方向与电流方向相反"这一拗口的设定。如果一开始人们将电流定义为负电荷移动的方向，那么情况就顺了过来。

可以看出，如果宇宙中正反物质调换过来，万物也没有什么实质性的影响，顶多正的是反的、反的是正的，磁针的南极变成北极，北极变成南极而已。顺便说一句，正反物质如何定义对光没有任何影响，因为光的反物质就是光本身。

如果宇宙是暗物质，那就麻烦了。可以确定的是，如果宇宙的组成物质是暗物质，那么一定不会是热暗物质，而是冷暗物质。到目前为止，科学家尚未明确冷暗物质具体的组成粒子。

据估算，宇宙中暗物质的质量是亮物质（现在的物质）的5倍，如果将它们对调过来，那么现在发光的物体就不再发光了，夜空中再也没有美丽的星星了。不过，宇宙可能会变得更亮一点，温度也会更高一些。

没有星光的夜晚，星辰之子也将不再闪耀！

不错啊！触景生情，吟出一首这么好的诗。

Part 04

平行宇宙

假作真时真亦假，无为有处有还无

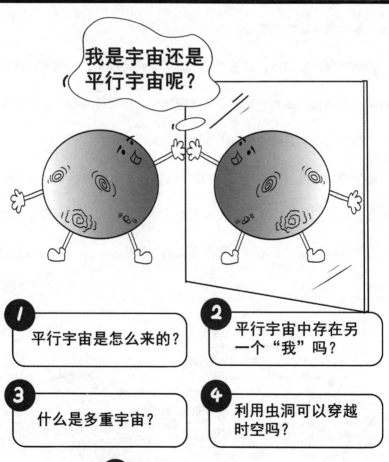

1 平行宇宙是怎么来的？

2 平行宇宙中存在另一个"我"吗？

3 什么是多重宇宙？

4 利用虫洞可以穿越时空吗？

5 时间为什么不能倒流？

什么是平行宇宙?

其实平行宇宙的起源和宇宙并无关系,而是起源于人类对电子的认识。

起初,人们认为电子是一个活生生的粒子,因为它被发现的时候,就是那样优雅地打在显示屏上的(见81页)。

如果在电子发射器和显示屏中间加一个双缝光栅,那么显示屏上会产生干涉条纹,这足以说明电子也可以是一列波。需要说明的是,此实验只能证明电子束(许多电子)具有波动性,并不能证明单个电子也具有波动性。这就像水波虽然由许多水分子组成,但是单个水分子并不具有波动性(不讨论其物质波)。

为了进一步探究电子的性质，科学家们改变了电子发射器装置，每次只发射一个电子，等前面的电子到达显示屏后，再释放下一个电子。此时令人惊奇的是，后面的显示屏上也产生了干涉条纹。很明显，单个电子发生了自我干涉，说明单个电子与光子一样，都具有波粒二象性。

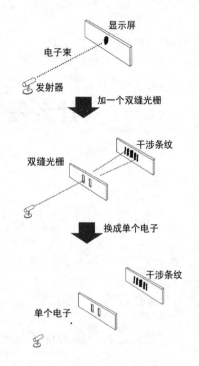

然而，用二象性来概括电子的行为绝对是一笔"糊涂账"，因为二象性就像硬币的正反面，两者不能同时存在。单个电子通过双缝发生干涉，足以证明它具有波动性，但当一团电子波遇到显示屏时，怎么会突然坍缩成粒子呢？如果电子本身就具有粒子性，那么**单个**电子又是如何同时通过**两个**隙缝的呢？

量子力学的先驱玻尔敏锐地感觉到问题出在**观测**上。他认为单个电子既是粒子又是波，但在被观测之前，它处于粒子和波的叠加状态。此时，既不能说电子是粒子，也不能说电子是波，只有电子被观测时，它才会取其中的一种状态——波或者粒子。当电子通过双缝时，它没有被观测，波动性让它发生干涉；当电子到达显示屏时，意味着它被观测，因此会瞬间取波或者粒子中的一个状态。

玻尔的理论在物理学界掀起了轩然大波，因为它直接动摇了人类最基本的哲学认知。

（1）长久以来，人们普遍认为除生命体外，一般物质是不具备任何意识的。电子又是如何知道自己被观测的呢？难道它具有某种神秘的意识？

（2）长久以来，人们的脑海里都拟定了一个叫作"客观"的世界，主观意识只能认识和改造客观世界，并不能决定客观世界。然而，人类的观测行为决定了电子的属性——波或者粒子，这是否意味着主观行为决定了客观世界呢？

为了驳斥玻尔的理论，奥地利物理学家薛定谔（1887—1961）提

出了一个著名的思维实验——薛定谔的猫。

在这个实验中，一只猫被孤独地关在盒子里，它旁边有一个装有剧毒气体的瓶子，瓶子上面的开关由放射性原子控制，如果放射性原子**发生衰变**，开关将打开，锤子落下，打碎毒气瓶，释放毒气，猫必死无疑；如果原子**不发生衰变**，开关将不会打开，猫依旧活蹦乱跳。

打开盒子意味着观测，没有打开盒子意味着没有观测。按照玻尔的理论，在没有观测之前，放射性原子一直处于**衰变与不衰变**的叠加状态，而猫则一直处于**死与不死**的叠加状态。

猫到底是死还是活呢？只能打开盒子看看！当薛定谔打开盒子时，猫非死即活。假设猫已经死了，薛定谔可以通过尸体的体温，甚至请法医来确定猫死亡的时间。总之，猫是死是活都不是薛定谔所能决定的。因此，从这个角度来看，主观意识并没有决定客观世界。

然而，玻尔就没有那么幸运了，当玻尔打开盒子时，意味着对原子进行了观测，原子瞬间取衰变与不衰变中的一个状态，而猫也会瞬间取死与不死中的一个状态。也就是说，玻尔的观测决定了猫最终的状态——死或者不死。因此，从这个角度来看，主观意识决定了客观世界。

为了解决玻尔理论带来的一系列问题，美国量子物理学家艾弗雷特（1930—1982）于1956年提出了一个大胆的构想：在打开盒子（测量）的瞬间，宇宙发生了分裂，一个宇宙里的原子衰变，而另一个宇宙里的原子没有衰变。相应地，猫也会分裂，分别进入两个宇宙，原子衰变宇宙中的猫是死的，而原子未衰变宇宙中的猫是活的。观测者也发生了分裂，分别进入了两个不同的宇宙中，其中一个宇宙中的观测者看到的猫是死的，而另一个宇宙中的观测者看到的猫是活的。这样一来，猫的生死（客观世界）就不再是观测者（主观意识）所决定的了。

这就是最初的平行宇宙理论。

上帝掷骰子吗？

让我们把时间拨到1913年——玻尔建立原子的量子化轨道模型之初，当时的科学家们并没有认识到电子可以是一团波。

玻尔提出，电子只能在特定的轨道上运动，并且可以在不同的轨道之间进行跃迁。然而，这个理论带来了两个问题。

（1）**轨道何在?** 电子如何知道自己要在哪条轨道上运动呢？此外，在跃迁时，下一条轨道又在哪里呢？

（2）**如何跃迁?** 即使知道了下一条轨道的位置，又该怎么跃迁呢？要知道，量子化轨道模型认为除了这些特定的轨道，电子不能处在任何其他位置，因此电子只能是瞬间跃迁的。瞬间意味着速度是无穷大的，这又与光速不可超越产生了矛盾。

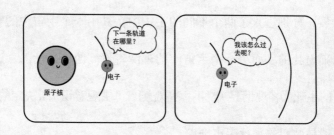

法国物理学家布里渊（1854—1948）曾尝试解决第一个问题。他认为原子中充满了以太，电子在以太中畅游，必然会掀起涟漪——波，波与波相遇有可能会产生驻波。驻波是指两列波相遇时，如果所有条件都刚刚好，那么它们就会形成一种看似静止的波。在理想情况下，驻波的能量（势能与动能）只在内部相互转换，不会损失。如此，电子在特定的轨道上绕核旋转，既可以满足原子能量不损失，也为特定的轨道找到了充分条件——产生以太驻波。

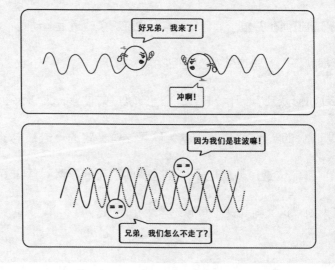

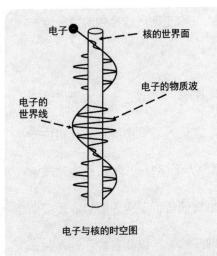

电子与核的时空图

布里渊的理论固然精彩，只可惜又引入了以太。早在1905年，"以太"这一古老的名词在历经数千年的沉浮后，终于被爱因斯坦赶出了物理学。既然不能重提以太，那么波又从哪儿来呢？布里渊的学生德布罗意（1892—1987）提出了一个创新性的解释：电子在运动时，自身会产生一种叫作"物质波"的波，伴随着电子一起运动。原子核、电子与物质波交织在一起，不容易理解，我们不如将它们描绘在时空图上。在时空图中，核的世界面是一个圆柱面，电子的世界线是一个正弦波，而物质波则像是电子的"长尾巴"，它的包络线正是电子的世界线。

按照德布罗意的理论，"长尾巴"物质波必须满足一定的条件，电子才能"选择"特定的量子轨道。那这个条件是什么呢？如果把量子轨道换成操场的跑道，把电子换成运动员，把运动员的每一步看成物

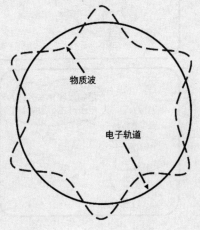

质波的波长（假定运动员的步长恒定），则运动员选择的跑道长度一定为步长的偶数倍，丝毫不能偏差。

然而，德布罗意在计算物质波波速时，得出了一个大于光速的数值。这一结果违背了狭义相对论，这让人们对物质波的真实性产生了怀疑，德布罗意的另一位老师郎之万（1872—1946）也对物质波持保留态度，于是把德布罗意的思想写信告诉了爱因斯坦。爱因斯坦向来对物理学的对称性充满信心，既然光可以具有粒子性，那么电子为什么不能有波动性呢？果然，科学家们在实验中发现了电子衍射现象，证明电子具有波动性质。

　　爱因斯坦写信把物质波的思想告诉了好友薛定谔。当时不少物理学家对经典物理与量子物理之间不可调和的矛盾感到不满，薛定谔便是其中之一。当他了解了物质波后，他深刻认识到要调和经典物理与量子物理之间的矛盾，波可能是唯一的途径。薛定谔经常宣讲德布罗意的物质波，有一次，他受好友德拜的邀请去苏黎世理工大学讲演，德拜问他："物质波如此重要，却没有一个能够描述它的方程，是不是缺少了什么？"于是，薛定谔在之后，提出了物质波的波动方程——薛定谔方程。在薛定谔方程中，有一个专门描述电子行为的波函数。波函数就像一团云雾，弥漫在原子内。在这一理论框架下，电子彻底成了波，电子轨道也随之消失，"轨道何在"和"如何跃迁"这两个问题也就不复存在了。

　　为了寻求经典物理与量子物理的统一，薛定谔认为宏观物体也可以看成波，也可以用波函数去描述，只是宏观物体的波动性非常弱，体现不出来罢了。

　　正当人们对薛定谔方程赞不绝口时，一场围绕波函数背后物理本质的大辩论正悄然拉开序幕。薛定谔认为电子本身就是一团波，不存在任何粒子性，波函数所描述的正是电子内部的电荷分布。这种

电子波函数

电子波函数

说法在当时和现在看来都是错误的，因为实际测量显示，微观粒子的带电量也是量子化的，电子带一个单位负电荷，没有比一个单位电荷更小的带电量了，这在当时已成共识。虽然后来测量出下夸克带-1/3单位电荷，上夸克带+1/3单位电荷，但是它们依然保持着量子化。

德国物理学家波恩（1882—1970）坚决反对薛定谔忽略了电子的粒子性。他在计算时发现，波函数模的平方正好体现的是概率分布，因此他提出了一个大胆的猜测，即波函数描述的是电子在某个区域出现的概率，因此波函数又被称为"概率波"。

概率表达的是某个事件发生的可能性，如掷骰子，每个面朝上的可能性均为1/6。概率理论最早起源于对赌博的研究，属于数学范畴。物理学家们一直排斥概率理论的理由很简单，物理学研究的对象都是确切的，如研究惯性时，小球的位置是确定的；研究万有引力时，天体的运动是确定的。然而，研究气体分子运动时，物理学家们犯难了，因为气体分子多而杂且进行不规则运动，不可能把它们当成质点逐一研究，只能用统计的方式来研究，而统计的基础正是概率。

　　然而，波函数表述的并不是众多电子的行为，而是单个电子的行为。单个电子又有什么概率可言呢？这正是概率波违背人类基本认知的地方。我们来做一个思维实验：一个分子从发射器出发，穿过一片"未知领域"，打到显示屏上，最终的位置呈现出随机性。很明显，这种随机性显然是由"未知领域"造成的。假设人类发明了超级显微镜，能瞬间捕获分子周围一切的事件，并发明了超级计算机，能瞬间计算出这些事件对分子的影响，那么"未知领域"就变成了"已知领域"，而分子落在屏幕上的位置也就能被确定下来。换言之，分子位置的不确定性是外界环境造成的。如果人类科技足够发达，为两个分子创造同样的环境，那么它们运动的结果将是一致的。

　　现在将分子换成电子，即使为两个电子创造相同的环境，它们落在屏幕上的位置仍然可能不一样，因为电子的随机性并非由外界环境造成的，而是一种内在属性。为了说明这种内在属性，我们再举一个例子：一个怀孕的准妈妈，在孩子出生前，我们并不知道孩子的性别，只知道男孩和女孩的概率各占一半。如果我们想提前知道孩子的性别，可以用医学仪器测量，但无论怎么测量、测量几次，结果都是一样的。孩子的性别在精子与卵子结合的那一刻就已经确定了。然而，当这个孩子是一个电子时，问题就变得复杂了。无论仪器多么精准，每次测量的结果可能都不同。在多次测量后，我们会发现男孩和女孩的概率各占1/2。最终的结果是什么呢？只有出生后（最后一次测量）才知道。可以看出，孩子（电子）的性别（状态）的随机性是其内在属性。

这种概率性的内在属性直接挑战了因果关系。例如，一套试卷，如果你全做对，那么你就能得到100分。"全对"是因，"100分"是果。可是，按照波恩的理论，就会出现"即使你做的题全对，我也会根据我当时的心情（内在属性）打分"的混乱逻辑，因果关系不复存在了。

1926年冬天，波恩写信给爱因斯坦，阐述了概率波的理念。爱因斯坦对此表示强烈反对，毕竟所有的物理理论都是建立在符合因果关系的决定论基础之上的，包括相对论。因果性是物理学的基础，是客观世界存在的前提。爱因斯坦回信道："量子力学令人印象深刻，但是一种内在的声音告诉我它并不是真实的。这个理论虽然产生了许多好的结果，可它并没有使我们更接近'老头子'（指上帝或自然界的本质）的奥秘。我毫无保留地相信，'老头子'是不掷骰子的。"

薛定谔一直稳稳地站在爱因斯坦这边，即使后来他承认将波函数看成电荷分布是错误的，他也不相信概率波的解释是正确的，并戏称概率波解释下的电子为"可恶的跳蚤"。这些都是第二次世界大战之前的事情。在第二次世界大战后，电子工业得到了迅猛的发展，而发展的基础正是薛定谔方程、概率波理论以及其他量子理论。薛定谔最终得了一个"薛定谔不懂薛定谔方程"的历史评语。

现在回头看，玻尔的量子化轨道模型是量子力学的起点之一，但随着量子力学的发展，电子变成了一团可以用波函数描述的波，量子轨道去哪儿了？其实，轨道并不存在，按照概率波理论，所谓的轨道，只是电子在该区域出现的概率较大而已。既然轨道是不存在的，那为什么科学中仍然用量子轨道来解释一些现象呢？最浅显的解释是物理是经验科学，只要理论符合测量，就不能说它是错的，至于更深层的原因，目前还没有办法解释。

2

平行宇宙是真实的吗？

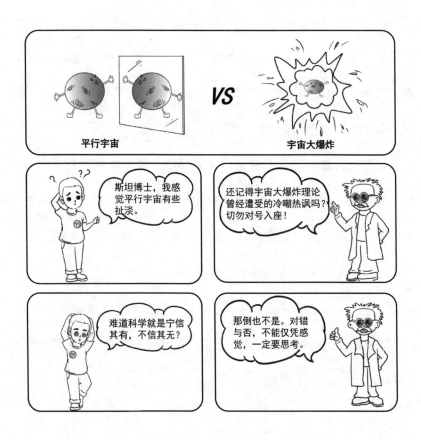

首先，科学既需要严谨的思维，也需要大胆的想象，只有大胆的想象才能突破旧有的体系。然而，艾弗雷德的步伐迈得太大，因此平行宇宙一问世就遭到了很多人的反对。

反对的理由多种多样，最基本的是宇宙发生分裂意味着多出一个宇宙，从而导致质量无故地翻了一番，难道连质量守恒这一物理学最基本的定律都不要了吗？后来随着暗能量概念的提出，热爱想象的科学家们发现如果将可见物质、暗物质以及暗能量加在一起，宇宙的总体质量是极小的，甚至接近于零；翻一番后的总质量的增加微乎其微，甚至不变。值得一提的是，这些思想都是未经证实的，宇宙的起源与最终的宿命仍不是确定无疑的。

其次，以薛定谔的猫为例，一只猫可能因原子衰变而死亡，而另一只猫却活着进入新的宇宙。在新的宇宙中继续观测这只猫，它依然有1/2的概率活着进入下一个新宇宙……如此无限循环下去，理论上，总有一只猫会永生。然而，永生之猫问题一直没有得到很好的解释。

再次，如果一个电子对应一个宇宙，那么每天无数量子事件，得需要多少宇宙啊？物理学的目标是要建立简洁而优美的模型，而从目前来看，平行宇宙理论与建立简洁而优美的物理学模型已渐行渐远。

最后，平行宇宙能被观测到吗？显然不能。一个不能被观测到的事物怎么就能承认它存在呢？毕竟，实践才是检验真理的唯一标准。

尽管平行宇宙理论存在许多未解之谜，但艾弗雷德的老师惠勒却非常喜欢。惠勒和玻尔共同研究过重原子的裂变，二人关系相当要好。20世纪60年代，惠勒带着艾弗雷德一同到哥本哈根拜访玻尔，并向他介绍了平行宇宙理论。当时的玻尔已是暮年，没有对平行宇宙理论留下任何评价，也许他根本就不屑去评价。然而，玻尔的学生们却对这种荒诞的想法提出了严厉的批评，称它为"一种邪恶的学说"。

一个假说，如果所有人都支持，那么它可能已接近真理；如果所有人都反对，那么它离"死"也不远了。就这样，艾弗雷德在质疑声中逐渐淡出了物理学界。

到了20世纪70年代，物理学家德威特（1923—2004）发现了平行宇宙的价值，再次将它推向物理学领域，并把它命名为"多重宇宙"或"多重世界"。但在全面接受平行宇宙理论之前，德威特还是有些顾虑，他曾写信问艾弗雷德："为什么我感受不到平行宇宙呢？"艾弗雷德反问："你能感受到地球自转吗？"实际上，德威特担心的正是平行宇宙无法被观测的问题，而艾弗雷德的回答依旧很牵强，即使人无法感受到地球自转，但一些现象只能用地球自转来解释，如傅科摆、大气环流等。

前沿的科学通常分为三种：一是基于真实的观测；二是基于合理的假设；三是基于大胆的猜想。黑洞属于第一种，宇宙大爆炸属于第二种，而平行宇宙则毫无疑问地属于最后一种。

尽管黑洞和宇宙大爆炸理论也曾被怀疑、被冷嘲热讽，但它们都是基于一些天文现象提出的，而脱离观测事实的平行宇宙则像无根的浮萍，很难说它是真实的。从另外一个角度来看，存在就有一定的道理，平行宇宙为解释那只"不知道死活的猫"提供了一种新的思维视角。

平行宇宙中存在另一个"我"吗？

　　自平行宇宙理论被提出来以后，"宇宙"的定义就从**"存在的一切"**

转变成了**"可能存在的一切"**。

　　那么问题来了，另一个宇宙中可能存在另一个"我"吗？霍金对

此信心十足，曾幽默地说："我在另一个平行宇宙中可不是这个样子。"

假设平行宇宙是真实存在的，"我"作为薛定谔的猫的观察者（打开盒子的人），"我"必然活着进入两个不同的宇宙中，即平行宇宙中会存在另外一个"我"。

我在另一个平行宇宙中可不是这个样子。

如果"我"不是薛定谔的猫的观察者，而是薛定谔的那只猫，那么"我"会作为被观察的对象，一死一活地进入两个不同的宇宙中。然而，宇宙中的量子事件永远不会停止，也就意味着有无数个平行宇宙。"我"活着进入的宇宙经过再次分裂，还会有一个"我"；而"我"死亡进入的宇宙经过再次分裂，可能就没有"我"了。简而言之，在无数个平行宇宙中，有的有"我"，有的没有"我"。这一混乱局面出现的原因正是量子事件导致的**宇宙分裂**。

然而，艾弗雷德的老师惠勒不喜欢"分裂"二字，曾建议艾弗雷德改个名字，但艾弗雷德并没有照做。后来惠勒想了一个好主意，他认为宇宙并非分裂，而是观察者进入了不同的子宇宙。在惠勒看来，宇宙由无数个子宇宙组成，被称为"总宇宙"。每个子宇宙都是总宇宙的分量，它们之间的关系就像影子与本体一样。我们知道，光的方向决定了影子的形状，而"进入了不同的子宇宙"，类似于"从不同的方向"看影子。

横看成岭侧成峰，意在揭示观察角度不同导致的结果不同。对于总宇宙而言，山还是那座山。惠勒的处理方式，巧妙地化解了因宇宙分裂带来的混乱，并解决了薛定谔的猫带来的决定论危机。在总宇宙中，猫处于死与不死的叠加状态，而它的"影子"（子宇宙中的猫）在不同的子宇宙中则只有死与不死中的一个状态。从不同

方向看上去，影子是不同的。同样地，在不同的宇宙中，猫的状态也是不同的。

值得注意的是，正常情况下物体是三维的，影子是二维的。也就

是说，总宇宙的维度可能要比子宇宙高。

　　然而，惠勒的思想目前还无法从实验中得到证实，只能在数学上

成立。尽管平行宇宙无法被证实，但它在科幻作品中很受喜欢。很多

科幻小说或者电影都描绘了主人公因不满当前的生活状态，发出"要

是当年换个选择，就不是现在这样"的感慨，然后，真的穿越到了另

一个世界中。如果将"换个选择"当成量子事件，那么主人公进入的

就是另一个平行宇宙。

　　电影《蝴蝶效应》便是此类作品中的佼佼者。除穿越本身有问题

外，其他的部分都很符合逻辑。然而，主人公却忘记了在进入另一个

平行宇宙前要喝一碗"孟婆汤"，因为按照平行宇宙的含义，他不能同时拥有两个宇宙的记忆。也就是说，即使平行宇宙存在，"我"也不可能知道另一个宇宙中的"我"是什么样的。就像从家到学校有两条路，走了其中一条路，就永远不知道"换另一条路"会发生什么。

平行宇宙理论吸引了无数爱好者的目光。不少物理学家认为它是真实的，包括一些诺贝尔奖得主；但也有不少物理学家认为它并不是真实的甚至是"懒惰"的，因为它用简单粗暴的方式，把一种难以解释的现象变得更加难以解释。21世纪初，随着宇宙学的快速发展，平行宇宙的概念也发生了变化，逐渐演化成多重宇宙的概念。

什么是多重宇宙？

继德威特之后，平行宇宙第二次上"热搜"是在2003年，当时美国宇宙学家泰格马克（1969—　）发表了一篇关于平行宇宙的文章，这篇文章将平行宇宙分为四种类型。

> 第一类是可观测宇宙：基于观测事实。
>
> 第二类是泡沫宇宙：与量子涨落有关。
>
> 第三类是量子宇宙：与量子力学有关。
>
> 第四类是数学宇宙：与弦理论有关。

（1）第一类是可观测宇宙：基于观测事实。可观测宇宙不等同于人类肉眼能看到的宇宙。人类能看到的宇宙范围取决于宇宙的年龄和光速，光速乘宇宙年龄（约138亿年）得出的距离就是人类看得到的宇宙半径，天文学称之为"哈勃长度"。以哈勃长度为半径的球体就是人类所能观测到的宇宙的极限，即"哈勃体积"。很显然，这样的宇宙是以地球为中心的。由于宇宙自大爆炸后就不断膨胀，因此可观测宇宙应该大于哈勃体积，根据推算得出它的直径约为914亿光年。

从因果关系上来看，"宇宙"一词通常指的是可观测宇宙，因为人类不能理解没有因果关系的事物。符合因果关系并不表示可观测宇宙之外就是虚无的。根据暴胀理论，宇宙在极短的时间内暴胀了10^{43}倍，这样的宇宙尺度远大于可观测宇宙。泰格马克根据计算，认为在遥远的地方可能存在着与可观测宇宙相似的宇宙。

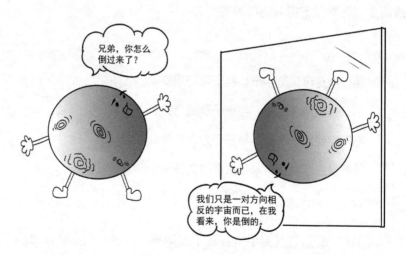

在宇宙大爆炸早期，正反粒子是不对称的，正粒子要比反粒子略多，从而造就了物质世界。这种对称性的破缺看似不完美，但平行宇宙似乎可以给予完美的解释，即在可观测之外的宇宙必然反粒子略多

于正粒子，那里组成物质的粒子可能与我们恰恰相反，但物理学常数可能仍然相同，比如那个宇宙中的电子带的是一个单位正电荷。

（2）第二类是泡沫宇宙：与量子涨落有关。根据不确定原理，真空中的能量会起起伏伏，这种现象被称为"量子涨落"。量子涨落让时空不再平滑，许多不同形状的时空会像泡沫一样随机出现。这些泡沫非常微弱，可能会发生膨胀，然后迅速消失。但如果能量大于某个数值，那么泡沫就不会消失，而是不断膨胀，甚至会诞生一个与我们所处的宇宙相似的子宇宙，即"泡沫宇宙"。

我们所处的宇宙起源于原始原子膨胀式的大爆炸，原始原子为什么会膨胀呢？这种形式的膨胀还存在吗？没有确凿的证据表明原始原子的膨胀是唯一的事件，因此我们不能排除泡沫宇宙的存在，甚至可能认为它们是无穷无尽的。

（3）第三类是量子宇宙：与量子力学有关。艾弗雷德提出的平行宇宙理论起源于对粒子波函数的诠释。在霍金看来，宇宙起源于体积无限小的粒子，因此它也应该有对应的波函数——宇宙波函数。宇宙波函数也是概率波，它会遍及所有可能的宇宙，正如电子波函数波及所有的可能位置一样。这些宇宙之间可能通过虫洞相互连接。虫洞为穿越平行宇宙带来了可能，尽管这种可能性微乎其微。

电子波函数决定了电子在量子化轨道上出现的概率，同样地，宇宙波函数决定了某个事件在合适宇宙发生的可能性。以薛定谔的猫为例，假设原子没有衰变，猫依旧活着。猫和观察者同时进入了合适的宇宙，当观察者打开盒子时，看到的

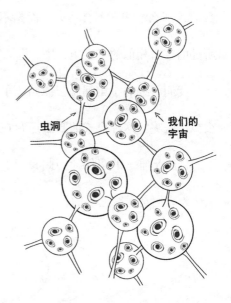

必定是一只活猫。宇宙波函数带来了一个好处，那就是再也不必找一个外部的观察者来决定猫的生死了。那么问题来了，观察者为何会如此巧合地与活猫进入了同一个宇宙呢？目前能解释的可能只有人择原理了。

与人择原理对应的是哥白尼原理。早在古希腊时期，人们认为人是宇宙中独一无二的存在，地球是宇宙的中心。然而，随着地心说被日心说取代，地球在宇宙中地位不再突出；随着进化论的兴起，人类和其他动物相比，也变得平庸。这就是哥白尼原理，也称"平庸原理"。既然人择原理与平庸原理相对，那么作为高等智慧生物的人类在人择原理中的地位肯定要突出。简单来说，人择原理认为，我们看到的宇宙之所以这样，是因为有高等智慧生物的人类存在于这个宇宙中。从这个角度出发，高等智慧生物又开始成为宇宙中的"宠儿"了。

值得注意的是，宇宙波函数和人择原理都没有定论，科学家们对此的赞扬和批判可能会不绝于耳。

（4）第四类是数学宇宙：与弦理论有关。自然界中有四种力，即强作用力、电磁力、弱作用力和万有引力。到目前为止，前三种力已经被纳入到统一的理论中，唯独万有引力依然形单影只。在这四种力中，强作用力最强，万有引力最弱，如果将强作用力比作一座高山，那么电磁力就相当于一个小山丘，弱作用力就相当于一棵小树，而万有引力就和一个硅原子差不多。

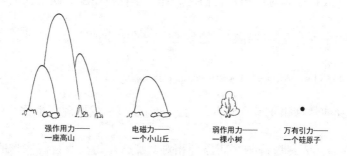

强作用力——
一座高山

电磁力——
一个小山丘

弱作用力——
一棵小树

万有引力——
一个硅原子

由此可见，建立万有理论（将四种力统一的理论）何其难哉，目前最有希望做到的就是弦理论。弦理论认为，组成物质的最基本单元不是电子、光子和夸克之类的点状粒子，而是微小的、线状的弦。弦的尺度是原子的亿分之一，是组成宇宙万物的根本。弦有闭弦和开弦两种，它们可以相互组合成更长的弦，也能分裂成两个或者多个弦。值得注意的是，微观粒子不同于宏观粒子，弦理论中的弦也不同于宏观中的弦，它的变化和量子场论中粒子之间的能量交换是一个道理。弦的尺度小，灵活多变，为构建万有理论带来了希望之光。

经过多年的发展，目前诞生了多种弦理论。这些弦理论后来被M理论所诠释。根据M理论，我们所处的宇宙很可能产生于弦的碰撞和撕裂。因为弦的碰撞和撕裂不断发生，所以可能会产生无数个平行宇宙。这些平行宇宙的物理定律可能不相同。到目前为止，弦理论只是一套数学模型，尚未被实验证实，因此，这一类宇宙也被称为"数学宇宙"。

#

利用虫洞可以穿越时空吗？

科幻爱好者喜欢把黑洞、白洞以及虫洞联系在一起。

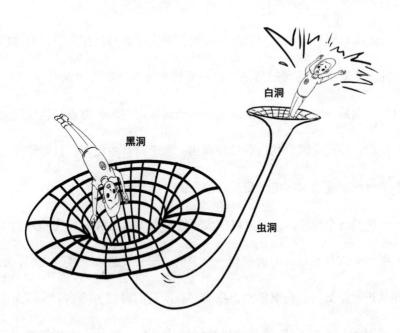

与黑洞相反，所有的物质，包括光，都无法进入白洞的视界内，只能向外逃逸。白洞也有一个奇点，它里面有无限多的物质。黑洞已经在宇宙中被发现了，但到目前为止，宇宙中并没有任何白洞存在的迹象，如果非得找一个出来，那只能是原始原子了——宇宙诞生于原始原子，物质都是从中"喷涌"而出的。

虫洞，简而言之，就是时空隧道。1935年，爱因斯坦和他的助手罗森在求解广义相对论方程时，提出了一种可以穿越时空的"桥梁"，即后来被称为"爱因斯坦–罗森桥"的虫洞。

爱因斯坦认为虫洞只是数学伎俩，宇宙中并不存在虫洞。但这挡不住人们对虫洞的科幻热情，人们常将虫洞与黑洞、白洞联系起来，设想虫洞的一端连着黑洞的奇点，另一端连着白洞的奇点。物质进入黑洞后，经过虫洞，从白洞喷涌而出。基于这样的设想，只要建造一个不被黑洞撕裂的宇宙飞船，理论上就可以穿越时空了。

按照这个构想，人们可以在极短的时间内穿越到约26光年外的织女星：只需要在地球附近找到一个黑洞，一头扎进去，经过虫洞，最终从织女星旁边的白洞喷出。由于穿越所花的时间远远小于光传递所花的时间（26年），所以穿越后再朝地球看去，看到的是26年前的地球。也就是说，他们穿越到了过去。

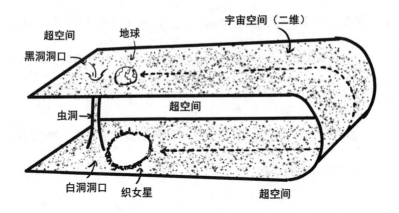

如果将虫洞连接到更遥远的地方，那么人们可以穿越到更遥远的古代，亲眼见证地球的起源、生命的诞生等一直困惑人类的问题。

那么问题来了，怎么才能进入黑洞而不被黑洞的潮汐力撕裂呢？至今无人能回答这个问题。惠勒、霍金等科学家认为，虫洞是真实存在的，而且可能就隐藏在我们身边。虫洞和量子涨落有关，在量子涨落过程中，会形成极小的通道，这些通道就是虫洞。尽管这些虫洞很小，但是它们保留了实现时空穿越的希望火种，也许未来有技术可以将其放大到足以容纳一艘宇宙飞船穿梭其中。在这种情况下，就不必考虑黑洞的潮汐力问题了，时空穿越又少了一个障碍。

说起来容易，做起来难。根据计算，虫洞的存在时间极短，而且其内部的负压力与虫洞的直径有关，直径越大，负压力越小。对于一个直径在1光年的虫洞，其内部的负压力仍然能摧毁一切原子结构。

因此，要制造一个能够穿越的虫洞，其直径至少需要上万光年。此外，制造如此巨大的虫洞，需要消耗大量的能量，以目前的科技水平来说，简直是天方夜谭。

由此可见，时空穿越目前仍然只能在科幻作品中发生，在现实中，难以满足那些苛刻的条件。

假设时空可以穿越，可以回到过去吗？

　　为了探讨这个问题，我们可以先审视一下目前提出的几种穿越到过去的理论方案。

　　（1）制造一个超过光速的时间机器，追上过去发出的光，就意味着回到了过去。

这种想法犯了一个最低级的错误：光速是无法超越的。根据狭义相对论，真空中的光速是宇宙中的极限速度，超越光速将会引发许多悖论，甚至连时间都不存在了。因此，这个方案直接被否决了。

（2）由于光速是有限的，我们可以通过观测远处物体发出的光来"看到"过去的它。例如，月亮光（反射的太阳光）到达地球需要约1.28秒，因此我们在地球上看到的月亮实际上是1.28秒之前的月亮。当你登上月球后，你看到的地球是1.28秒之前的地球。换句话说，你"穿越"到了1.28秒之前的地球。

如果将这个距离放大到1000年，那么理论上我们应该能看到1000年前地球上的景象，也就是宋朝的景象。

实际上，这种说法并不成立。因为人眼要看到景象，需要有足够多的光子进入眼睛，而地球上的物体漫反射出来的光子根本无法穿透

大气层。从外太空来看，地球就是一颗蔚蓝的星球，无法看到具体的生活场景。

　　假设有一种"超级望远镜"，能看到地球上具体的生活场景，"穿越到宋朝"仍然是一个巨大的难题。设想以下场景：你在1000年外的星球上，通过这台超级望远镜看到你的祖先正在参加科

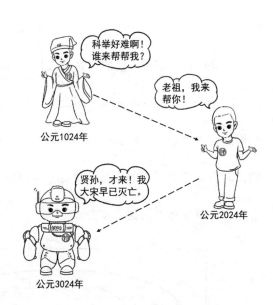

举考试。恰巧你知道那场考试的答案，于是你想告诉他，以期改变你的出身。能做到吗？显然不能。因为你发出的信号最快也就是光速，当信号到达地球的时候，地球已经是公元3024年了。

　　严格来说，人眼看到的任何一个事件都比它真实发生的时刻有一个Δt的时延，但这并不表示"穿越"到了Δt时刻以前。在日常生活中，我们必须忽略这种时延，否则将无法正常生活。举个例子，老师宣布"现在上课"，当你听到这句话并开始准备听课时，老师口中的"现在"实际上已经过去了。如果老师因此批评你慢了零点几秒，那么你们都

将对"现在"这个时刻无休止地纠缠下去。爱因斯坦就曾对"现在"这个概念的模糊性感到担心，但是也没有好的处理办法来精准界定这一概念。

由此可见，这种所谓的回到过去并非真实地回到过去。

（3）既然光速不可超越，那么接近光速能不能看到过去呢？爱因斯坦的好友哥德尔（1906—1978）设想过一种可能，假设宇宙是旋转的，时空是弯曲的，那么乘坐略低于光速的宇宙飞船就能看到曾经的自己，也就意味着回到了过去。

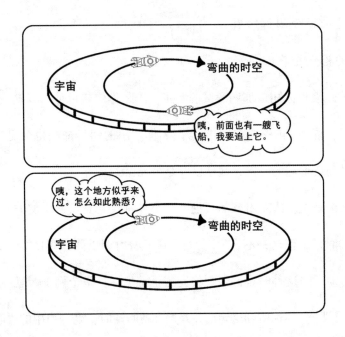

然而，哥德尔根据宇宙大小计算得出，要实现时间倒流，宇宙必

须700亿年转一圈，且旅行的半径不能低于160亿光年。对于哥德尔的猜想，爱因斯坦表示在建立广义相对论时也产生过类似的困惑，这种困惑来自对时间的认识。

爱因斯坦对待时间问题非常谨慎小心。他从不存在绝对运动出发，否定了绝对时间的存在，建立了狭义相对论，用来说明相对时间在不同惯性系统中的转换关系。然而，无论相对时间如何转换，时间的箭头还是笔直的。到了广义相对论阶段，爱因斯坦进一步将时空和物质结合起来，指出在弯曲时空中的时间必然是膨胀的。也就是说，"笔直的时间之箭"被"弯弯的河流"所替代，那么"河流"是否可以弯曲，甚至打个圈圈呢？

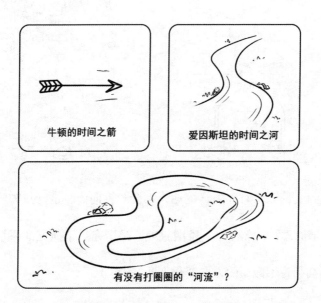

牛顿的时间之箭　　爱因斯坦的时间之河

有没有打圈圈的"河流"？

　　这正是哥德尔带来的问题。爱因斯坦没有办法解释哥德尔的问题，因为它是广义相对论方程的一个解。然而，爱因斯坦认为基于物理学的根本原理，这个解应当被排除，即宇宙不是旋转的。

　　幸运的是，现代科学已经证实，宇宙只是膨胀，没有旋转。如果采纳哥德尔的观点，那么人类将会陷入时间逻辑的混乱中，因为回到过去就意味着因果性的崩塌：假设你能回到过去，一箭射杀了过去的你，那么也就没有往回穿越的你了。

　　说到底，无论时间怎样流逝，都会一直向前。这一点和物理学中的"熵增原理"非常相似。熵增原理，是指在一个孤立的系统中，系统的熵会朝着不减少的方向变化（见258页）。

广义相对论告诉我们，质量越大的地方时空就越弯曲，越弯曲的地方时间就会越膨胀（时间变慢）。假设你乘坐宇宙飞船在黑洞附近（视界范围之外的某个距离）玩了几天，回来后可能会发现，地球上的时间已经过去100年了。如此说来，你岂不是"穿越"到了未来？然而，"穿越"未来也会带来新的问题，地球在这100年内是没有你的。

不可否认,历史是由人类创造的,物理学亦是如此。脱离了人,历史就不是那个历史了,物理学也变得没有意义了。因此,当你"穿越"到一段原本没有你的时间中,到达的那个"未来",其实已经不再是本该有你的那个"未来"了。

时间之熵

先来看一个实验:一个从中间被隔开的容器,两侧分别装入不同温度的气体,抽掉中间的隔板后,经过一段时间,整个容器内气体的温度会趋向均匀。由此可见,原来温度较高的部分将能量传递给了温度较低的部分。

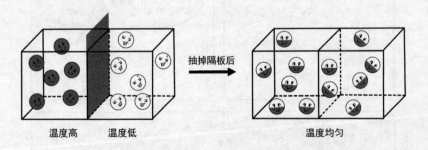

温度高　　温度低　　　　　　　　　　抽掉隔板后　　　　温度均匀

那么问题来了,为什么温度高的气体会主动传递能量给温度低的气体呢? 为什么不会出现温度低的气体温度更低、温度高的气体温度更高的现象呢？第一次将这个疑问引入物理学的是德国物理学家克劳修斯（1822—1888），他从热力学的角度出发，引入了一个函数 S，用于描述一个孤立系统的状态。在假定孤立系统的温度恒定的前提下，当它吸收或者释放能量时，它的状态会不断改变。记系统的温度为 T，吸收或释放的能量为 ΔQ，令 $\Delta S = \Delta Q/T$，经过计算得出结论：在一个孤立的系统中，自发热传递时状态函数 S 是不断增加的。

克劳修斯很喜欢给新概念起名字，他将状态函数 S 命名为"entropy"。1923 年，德国科学家普朗克来中国东南大学讲座，中国物理学家胡刚复（1892—1966）担任了他的翻译。在讲座中，普朗克用到了克劳修斯所创建的新词 entropy。胡先生不知道如何用汉语准确表达这一复杂的概念，最后他从状态函数是能量除以温度的"商"这一角度出发，并结合热力学与"火"的紧密联系，创造了一个新字——熵，读作"shāng"。克劳修斯的研究可以概括为：在一个孤立的系统中，系统的熵总是沿着不减小的方向进行的，即"熵增原理"。

虽然熵的概念起源于热力学，但它的应用范围远不止于此。19世纪中叶，热被认为是分子的无规则运动。在固体、液体和气体三者中，气体的运动受到的约束最小，因此许多物理学家开始致力于研究气体分子运动，克劳修斯便是其中的佼佼者。与研究单个物体的运动不同，一个系统内的气体分子的运动杂乱无章，尽管每个分子的运动仍然符合牛顿力学定律，但如何依次分析每个分子的行为呢？在这种情况下，麦克斯韦率先将"概率统计"引入了物理学。他首先研究了一个气体分子的运动情况，毫无疑问，这个分子会受到其他分子的撞击而运动。离该分子越近的分子，撞击的可能性就越大；离该分子越远的分子，撞击的可能性就越小，由此出发，进一步推广，便可建立该系统内所有分子的速率分布的理论模型。

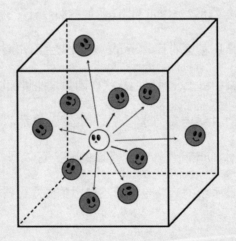

然而，问题来了，如果气体分子的运动来自其他分子的撞击，那么有没有一种可能，即某个气体分子受到的撞击总是朝一个方向呢？如果有这种情况，那么它的速率将会无穷大（当时还没有相对论，

因此物理学家们还没认识到光速是不能超越的）。如果这样的分子存在，那么就会出现一系列荒谬的逻辑。例如，一个玻璃瓶会无缘无故地运动，因为里面的所有气体分子都朝着同一个方向运动；随便抓一把沙子撒下来，沙子会自动堆积成城堡；不小心洒在作业本上的墨渍会自动将作业写完。尽管这些现象发生的概率极低，但绝对不能完全排除其发生的可能性。熵增原理认为这是不可能的，因为在一个孤立的系统内部，从有序到无序是一种自然趋势。

回到时间问题上，宇宙中的时间也是自发进行的，它在自然方向上只能向前，即时间犹如大江之水，只能滚滚向前，虽有曲折，但永不回头。

奇怪的问题又来了

问1

假如地球真的是宇宙中心，会发生什么情况？

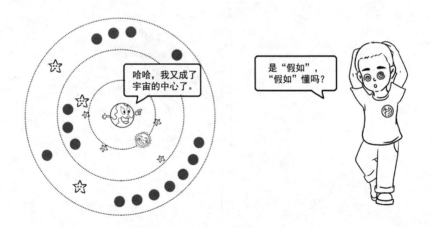

▶ **答：** 早在古希腊时期，人们就认为地球是宇宙的中心，所有的

天体都绕着地球转。既然地球处在独一无二的位置，那么人类也就成

了"天选之子"。在这种思想下，人们自然而然地认为宇宙是永恒且非无限的，宇宙之外属于人类不能探知的区域。

到了16世纪，哥白尼用太阳取代了地球，太阳成了宇宙的新中心。与金星、火星、木星等相同，地球也绕着太阳转。地球不再是宇宙的中心，因此也要"动"起来——每日自转一圈，并且还要绕着太阳转。这两项运动的速度都非常快，令当时的人们很难接受。更令人不可接受的是，地球怎么突然从宇宙中心的尊贵地位跌落下来？因此，日心说在哥白尼逝世后的一个世纪内被大多数人排斥。幸好有开普勒和伽利略等坚持真理的先驱，日心说才得以传承和完善。

随着天文学的发展，地球在宇宙中的地位持续下滑。20世纪初，天文学家发现太阳并非宇宙的中心，甚至不是银河系的中心。银河系也不是宇宙中唯一的星系，银河系之外还有许多星系。人们曾猜测银河系可能是宇宙的中心，但这个"不甘平凡"的愿望在20世纪中叶破灭了。宇宙大爆炸理论的兴起，使得银河系与其他星系无异。到了20世纪末，天文学家发现太阳系外存在大量行星，地球很可能并非生命的唯一栖息地。

地球平凡的地位对应的是"平庸原理"，该理论起源于哥白尼的日心说，也被称为"哥白尼原理"，与之相对的是"人择原理"。人择原理最早是在1973年纪念哥白尼诞辰500周年的会议上被提出的。它强调即使地球不是宇宙的中心，人类在某种程度上仍具有特殊地位。随着多重宇宙学说的兴起，很多难以解释的自然现象都可以套到人择原理上。以引力为例，如果引力强度大一点，那么宇宙就成了"一锅粥"；如果引力强度小一点，那么恒星无法在宇宙中诞生。为什么引力的强度刚刚好呢？唯一的解释似乎是高等智慧生命刚好处在这个宇宙中。

人择原理后来发展为弱人择原理和强人择原理。弱人择原理认为人类生活在多重宇宙中的一个宇宙中，若不生活在这个宇宙中，则这个宇宙将会以不同的方式演化；强人择原理认为无论哪个宇宙，都必须允许高等智慧生命的存在，无其他可能。从本质上来说，人择原理都肯定了观察者在宇宙中的地位。量子力学最神秘之处不正是人为观测（主观意识）决定了电子属性（客观世界）吗？为了消除主观意识对客观世界的决定性作用，诞生了平行宇宙、宇宙波函数等假说。然而，这个问题依然没有得到很好的解释，人择原理似乎带有一种"干脆承认"的意味。

如果地球是宇宙的中心，那么地球在整个宇宙中处于独一无二的地位，人类亦将"高高在上"。在人类社会早期，诸多神话和宗教应运而生，它们往往会虚构一个或多个神灵，并将其置于人类之上。如果地球是宇宙的中心，那么这些神话和宗教有可能就是真实的。它们一旦被认为是真实的，人类就会将宇宙中一些未知的现象归结到神灵的头上，从而停止探索的脚步。举个例子，古代西方神话中有"太阳神"这个角色，当时的人们曾认为探索和讨论太阳是对太阳神的亵渎。如果太阳被认为是"上帝"创造的，那么探讨太阳就没有什么风险了。

宇宙中总有解不开的秘密，一旦上升到神的高度，便失去了探索的本真。从这个角度出发，我宁可认为地球和人类都是平凡的。

问2
假如某天我遇到一个外星人，我该如何与他交流？

▶ **答：** 这就要分很多种情况了。

如果仅需要简单沟通，可以在讲话时配合一些手势，如表达"吃"的动作时，就动动嘴；如表达指向某个方向的意思时，可以用手指一指。通过这种方式，或许用不了几天，就可以和外星人无障碍沟通了。

如果想要和外星人在思想上产生共鸣，那么这很大程度上要取决于对方的文明程度。如果外星人来自相对原始的文明，那么你可能很难跟他解释类似"地球是一个球体，它绕着太阳转"这样的基本概念。同样地，假设外星人所处的文明远高于人类文明，你也许很难理解外星人所说的诸如"制造一个宇宙"这样的大道理。

如果外星人所处的文明和人类文明差不多，那么沟通起来可能会相对容易一些。在这种情况下，你们可能只需要进行一些换算就可以了。例如，地球人使用的是十进制数字系统，这与地球人拥有十根手指有很大的关系。假如外星人只有八根手指，你们就需要进行十进制与八进制之间的转换。以万有引力常数为例，如果外星人所在星球的质量与地球不一样，那么所得到的万有引力常数值就不同。不过，这种置换非常简单，只需乘以一个系数（常数）就可以了，当然，这里讨论的前提是你和他所处宇宙的物理定律是相同的。

令人担忧的是，你们来自物理定律不同的宇宙。如果外星人肉眼能看见你看不见的暗物质，也能测量到暗能量，甚至还能理解更高维度的时空，那么你们之间的交流估计只能"鸡同鸭讲"了。

问3

为什么普通人难以理解平行宇宙？

▶ **答：** 量子力学的先驱玻尔曾说："谁不对量子力学感到困惑，那他肯定是不懂它。"平行宇宙理论起源于量子力学，可以说，不仅普通人难以理解平行宇宙，甚至连资深的物理学大师也常为此感到困惑。

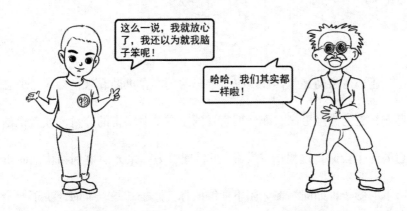

平行宇宙究竟什么地方难以理解呢？一方面，我们常被一些科普书籍中复杂的数学公式搞得云里雾里的；另一方面，没有人告诉我们

平行宇宙的具体位置。在我看来，那些"数学公式"揭示了问题的本质。简而言之，平行宇宙是"数学的"。

以四维欧氏空间为例，我们可以在二维空间中画一个圆，并用公式 $x^2 + y^2 = 1$ 表达；在三维空间中画一个球，可以用公式 $x^2 + y^2 + z^2 = 1$ 表达。现在让你在四维欧氏空间中画一个四维的球，你肯定不会画，因为对于人类来说，它简直就是一个"怪物"。然而，根据经验，我们可以轻松地写出这个"怪物"的数学公式 $x^2 + y^2 + z^2 + v^2 = 1$。

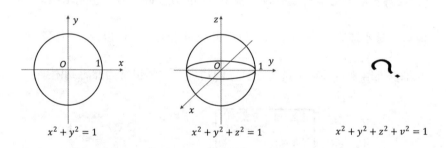

$x^2 + y^2 = 1$ 　　　　 $x^2 + y^2 + z^2 = 1$ 　　　　 $x^2 + y^2 + z^2 + v^2 = 1$

还记得惠勒是怎样评价平行宇宙的吗？在惠勒看来，存在一个总宇宙，它的维度更高，而我们所在的宇宙是总宇宙的分量，或者说是它的一个投影。这里的"投影"可以理解为一束光照射到物体上时所留下的影子，如同站在太阳下三维的你，影子却是二维的，少了一个维度。

如果平行光的角度发生变化，影子也会随之改变，但你还是你。

回到薛定谔的猫上，量子事件决定了人"看"总宇宙的"方向"，不同的方向观测到的猫的状态是不一样的。尽管总宇宙本身并未改变，但是它的"影子"却不同。

> **问4**
>
> 　　假设未来证明哥本哈根对量子理论的诠释是错误的，那么平行宇宙理论又该何去何从？

▶ **答：** 2022年10月4日，瑞典皇家科学院宣布将2022年的诺贝尔物理学奖授予阿兰·阿斯佩（1947—　）、约翰·克劳泽（1942—　）和安东·泽林格（1945—　）三位科学家，以表彰他们"用纠缠光子进行实验，证明了贝尔不等式的不成立和开创了量子信息科学"。有趣的是，在这个伟大时刻，爱因斯坦的名字却冲上了国内各大网站的热搜榜。这是怎么一回事呢？

　　早在薛定谔提出薛定谔的猫之前，爱因斯坦（E）和他的助手波多尔斯基（P）和罗森（R）就提出了著名的"EPR 佯谬"。简而言之，如果一个原子是守恒的，并且一个大原子衰变成两个小粒子 A 和 B（A 和 B 被称为"纠缠粒子"），那么假设 A 和 B 都有两个自旋状态——向上或者向下。按照玻尔的理论，A 和 B 都处于向上与向下的叠加状态。

现在将A和B分离"十万八千里"，突然对A进行观测，A必定会选择两种状态中的一种——此处假设为向上；为了保持系统守恒，B必定也会选择另一个状态，即向下。可是B根本没有被观测，它怎么会自我选择状态呢？此外，对A观测的瞬间，B的状态也发生改变，这一信息传递的速度明显超越了光速，这与狭义相对论相违背。关于这个问题，玻尔的回答显得颇为牵强，他认为既然没有观测，哪来的A粒子和B粒子？哥本哈根的量子理论认为，在观测之前A和B都处于波和粒子的叠加状态，也就不存在所谓的A粒子和B粒子了。

爱因斯坦坚持认为哥本哈根对量子力学的诠释是不完备的。在他看来，完备的物理学系统应该具备三点，即决定论、局域性和实在性，三者缺一不可。哥本哈根的理论之所以被认为不完备，是因为它缺少了关键的"隐变量"。

我们用"一桌麻将"来直观地解释其中的道理。虽然打麻将的过程充满了随机性，但每人的麻将牌都与其他三人有着密不可分的联系。假设爱因斯坦是麻将桌上的一位玩家，他已经听牌，只差一个"幺鸡"就可以和牌，如果"幺鸡"被别人暗杠了，那么爱因斯坦这一局就别想和牌了。这种关系就属于隐变量。

如果将这桌麻将看成一个系统，那么它必定会符合爱因斯坦心中的完美物理学体系。首先，只有当别人出了"幺鸡"，爱因斯坦才能和牌，这就是决定论；其次，别人出牌不能与爱因斯坦和牌同时发生，因为信息不能超越光速，这就是局域性；最后，实在性要求一个物理学系统可以被孤立起来，即爱因斯坦这一桌麻将和其他桌没有关系。当爱因斯坦听到有人喊"幺鸡"时，千万别着急和牌，因为有可能是隔壁桌（另一个系统）的玻尔出的。

那么问题来了，哥本哈根理论所缺少的隐变量是什么呢？没有人知道，爱因斯坦认为纠缠粒子A和B如同一副分开的手套，只要看到一只是左手的手套，那么另外一只必然是右手的手套，无论另外一只手套在什么地方，决定论依然有效。玻尔并不喜欢隐变量理论，他坚持认为纠缠粒子A和B如同两枚分别旋转的硬币，只要一枚倒下且正面朝上，另一枚也会瞬间倒下且反面朝上，决定论便荡然无存！

1964年，爱因斯坦的"粉丝"贝尔（1928—1990）在得知隐变量理论后，从数学上推导出了一个不等式，即"贝尔不等式"。他将粒子自旋的方向定义为"前后、左右、上下"，画在三维坐标上，可得 $|P_{xz} - P_{zy}| \leqslant 1 + P_{xy}$，其中 P_{xz} 表示一个纠缠粒子向 x 方向转和另一个纠缠粒子向 z 方向转的相关性。贝尔认为，如果不等式成立，则预示着纠缠粒子像爱因斯坦的那副手套。然而，事实让贝尔失望了，越来越多的实验证明纠缠粒子更像玻尔的硬币。

1972年，约翰·克劳泽第一次用实验来验证贝尔的猜想。他在实验中制造了两个纠缠的光子，经过艰难的测量，证明了贝尔不等式是不成立的。然而，受当时技术限制，该实验中的两个纠缠光子距离太近，难以证明量子不具备局域性。后来，阿兰·阿斯佩和安东·泽林格分别对克劳泽实验的漏洞进行了填补和修正，并各自用大量的实验数据证明了贝尔不等式的不成立，隐变量理论被彻底否定。

到目前为止，很少有人能明确阐述如果量子力学是错误的会发生什么。2023年，安东·泽林格在接受采访时表示，未来其一天量子力学可能会被更深层次的理论所取代，但那个理论或许会更加怪异。至于平行宇宙理论会怎么样？我觉得恐怕很难再有比它更"荒诞"的理论了。

谢　　幕

《从零开始读懂宇宙大爆炸和平行宇宙》的故事到这里就讲完了，物理哥和斯坦博士已经用尽平生所学，将深奥的物理知识尽可能简单地演绎出来。谢谢大家的阅读，也希望今后还可以为大家献上更好的作品。

本书漫画从趣味性角度出发，采用了轻松搞笑的风格，如果尺度过大，敬请读者朋友们见谅。

最后，谨以此舞表达物理哥对读者朋友们的敬意。